Telmo Pievani

Tutti i mondi possibili

Un'avventura nella grande biblioteca dell'evoluzione

Raffaello Cortina Editore

www.raffaellocortina.it

Copertina
mara scanavino project | Alberto Lameri

ISBN 978-88-3285-687-3

Milano, via Rossini 4

Prima edizione: 2024

Stampato da
Grafica Veneta S.p.A. – Trebaseleghe (PD)
per conto di Raffaello Cortina Editore

Ristampe

0	1	2	3	4	5
2024	2025	2026	2027	2028	

Indice

1

Inutile, incorruttibile, segreta biblioteca

> M'inganneranno, forse, la vecchiezza e il timore, ma sospetto che la specie umana – l'unica – stia per estinguersi, e che la Biblioteca perdurerà: illuminata, solitaria, infinita, perfettamente immobile, armata di volumi preziosi, inutile, incorruttibile, segreta.
>
> JORGE LUIS BORGES, *La biblioteca di Babele*

Nell'estate del 1976, una giovane studentessa di Ingegneria meccanica e aerospaziale di Princeton è a Madrid in vacanza. Legge *La biblioteca di Babele* di Jorge Luis Borges e ha un'illuminazione.

Immagina quegli scaffali sterminati, pieni di libri senza significato, un'immensa cacofonia di incoerenze, inframmezzata qua e là da rarissime frasi dotate di senso. Una metafora dell'universo stesso, per Borges. Un universo librario interminabile che contiene tutto il vero e tutto il falso. In esso si aggirano bibliotecari, inquisitori, purificatori, decifratori ambulanti e altre figure dolenti che mettono alla prova, senza alcuna possibilità di riuscita, le filosofie umane che hanno cercato sin qui di dare un ordine al mondo.

Madrid, 1976

La ragazza si immedesima nel destino del bibliotecario disperato che si aggira lì dentro, viaggiando tra le sale esagonali, peregrinando, cercando il catalogo dei cataloghi, il compendio perfetto di tutti gli altri libri, il volume totale che contiene le risposte ai misteri fondamentali dell'umanità – anche se in cuor suo sa bene che non basterà una vita intera per trovarlo, e nemmeno basterà la somma di tutte le vite di infiniti bibliotecari. Il massimo a cui potranno ambire è scoprire di tanto in tanto, occasionalmente, qualche sentenza rivelatrice, incorporata dentro quel frastuono tipografico. Del resto, si vocifera in alcune gallerie che esisterebbe da qualche parte un Esagono Cremisi, con libri onnipotenti, illustrati e magici, ma le probabilità di trovarlo rasentano lo zero.

La studentessa per le strade di Madrid si chiama Frances Arnold. Nel 1976 ha vent'anni, essendo nata a Pittsburgh, in Pennsylvania, il 25 luglio del 1956. Nipote di un generale, comandante del Quinto Corpo d'Armata statunitense, cresciuta in una famiglia cattolica numerosa e piena di energie, da piccola è affascinata dalle imprese della chirurgia dei trapianti e degli impianti, ma la vista del sangue la fa ribollire di nausea. Strada non percorribile.

Il padre è un fisico sperimentale con un dottorato a Princeton e lavora nell'industria nucleare. Partecipa anche ai test segreti in Nevada. Mentre è in servizio alla centrale nucleare di Pittsburgh, contrae la poliomielite insieme a sua moglie. Frances è mancina e le piace scrivere all'incontrario per impressionare fratelli e sorelle, tanto poi lo specchio raddrizza tutto. Nel 1969, dopo che la famiglia si è trasferita a Baltimora, è in prima fila nelle proteste contro la guerra in Vietnam. Parla francese e studia yiddish. Vuole essere indipendente e fa i lavori più diversi per mantenersi, compresa la tassista, il suo passatempo preferito.

Nel 1974 – complice il padre, lei dice, ma chissà – la prendono a Princeton, una delle pochissime ragazze a Ingegneria. Le donne erano state ammesse solo dal 1969. Oltre a matematica e fisica, studia anche italiano, economia, teoria socialista, letteratura russa e storia dell'arte. Nel campus non vuole dipendere da nessuno e si paga le spese continuando a guidare il taxi la sera, lavorando in biblioteca, assemblando astrusi aggeggi elettronici, e tangenzialmente finisce anche a fare le pulizie a casa del famoso filosofo della scienza Thomas Kuhn.

Ha ereditato la passione divorante per i viaggi dai nonni materni, che da ragazza le hanno fatto fare il Grand Tour in Europa per due mesi di fila. Soggiorna a Londra, a Parigi, in Italia. Dopo il suo secondo anno a Princeton arriva a Madrid, appunto, nel 1976 e a Milano nel 1977. In quel periodo ha un fidanzato italiano, con il quale scorrazza per la penisola con una fiammante Moto Guzzi 500 del

1956. Suona la chitarra: Bob Dylan e Francesco Guccini.

Tornerà a Princeton e lo studio comincerà finalmente a coinvolgerla davvero. Nel 1979 si laureerà in Ingegneria meccanica e aerospaziale. La crisi energetica degli anni Settanta e i suoi professori a Princeton le hanno inculcato il desiderio di lavorare alle fonti alternative e rinnovabili di energia, per andare oltre i velenosi combustibili fossili. E siamo alla fine degli anni Settanta, quasi mezzo secolo fa. Così Frances riprende lo zaino e va in Sudamerica a studiare progetti sperimentali sul fotovoltaico e sui biocombustibili.

Illimitata e periodica

Intanto, nella sua testa ronza sempre quell'idea, quella metafora, quel racconto, l'immagine della libreria di tutte le librerie. Ogni cosa è scritta nella biblioteca: testi canonici e apocrifi; anche la storia dell'avvenire in ogni dettaglio; la cronaca accurata di come ciascuno di noi morirà; "il numero esatto di volte in cui le acque del Gange hanno riflesso il volo di un falco", scrive Borges nella *Biblioteca total*, saggio scritto due anni prima della *Biblioteca di Babele*, nel 1939. E ancora, essa conterrà: un libro con le lettere M, C e V inutilmente ripetute dall'inizio alla fine; un assurdo libro labirintico e senza senso che però finisce con una riga all'apparenza ragionevole, di sapore shakespeariano, che recita:

"Oh tempo le tue piramidi" (p. 682); e poi tutti i libri andati perduti, tutti i libri che qualcuno ha pensato e mai scritto, tutti i libri sognati da qualcuno, e tutti i sogni e i mezzi-sogni degli esseri umani; tutti i commenti dei commenti dei commenti; tutte le traduzioni e interpolazioni possibili di ogni libro. La biblioteca non ha un centro di gravità e se ce l'ha è disseminato in ogni suo angolo.

Vasta, inumana, contraddittoria e disarmante, la biblioteca totale è dunque un'immagine orribile che "afferma, nega e confonde qualsiasi cosa come un dio delirante". Come tale, essa schiaccia ogni suo abitante, facendolo sentire perduto per sempre. Molti bibliotecari infatti si sono suicidati, nei secoli, gettandosi dalle balaustre e cadendo all'infinito negli spazi tra gli esagoni. Altri hanno abbracciato le più vane superstizioni e pensano che un Messia, l'Uomo del Libro, abbia trovato e letto il volume che contiene l'indice totale della biblioteca. Ma nessuno ha mai dato prova di averlo incontrato.

Inoltre nessun decifratore ambulante e viaggiatore nella biblioteca di Borges ha mai riferito di aver visto un esagono che non fosse circondato da altri esagoni (benché vi siano solo due corridoi di connessione per ogni esagono). Comunque, c'è sempre un esagono più in là, in ogni direzione, anche se non è detto che sia raggiungibile. Quindi non sembrano esserci confini né limiti, nella biblioteca di Babele. Allora, è infinita? Forse, ammicca Borges (autore di una celebre invettiva contro il potere corruttore dell'infinito). Di sicuro le sue gallerie esagonali sono di un numero "indefinito" e ciascuna contiene venti scaffali, cinque su ogni lato tranne due (anche se nella prima versione del 1941 aveva scritto venticinque scaffali, cinque su ogni lato tranne uno). Nei corridoi ci sono i gabinetti dove i bibliotecari e i decifratori ambulanti possono dormire (in piedi) e fare i bisogni, oltre che perfidi specchi, che promettono l'infinito e invece moltiplicano ulteriormente il disorientamento. Ogni scaffale regge 32 libri di formato uniforme. Dai corridoi partono scale a spirale che connettono i piani, inabissandosi e innalzandosi nel remoto.

La scelta degli esagoni permette di non lasciare interstizi, come in un nido d'ape. Sul piano matematico, la biblioteca non dovrebbe essere infinita. A Mar del Plata, Borges infatti nel 1941 ci dice che la sua creatura fantastica contiene tutti i libri possibili in un dato linguaggio, cioè a partire da un alfabeto di 25 caratteri (22 lettere di alfabeto, più la virgola, lo spazio e il punto). Ogni libro conta esattamente 410 pagine, ciascuna delle quali contiene 40 righe per 80 caratteri (3200 caratteri per pagina). Tralasciamo per semplicità le scritte sul dorso. Dunque ogni libro è una sequenza di 1.312.000 caratteri, in tutte le loro combinazioni. Le possibilità sembrano infinite. Ci sarà un libro (una gran rarità!) fatto solo di spazi bianchi, un libro fatto solo di punti, un libro fatto solo di lettere A. In mezzo, un oceano di libri del tutto insensati, di libri con una sola parola dotata di significato e il resto rumore, di libri con una sola frase di senso compiuto, o un solo paragrafo, un solo capitolo. Nondimeno, la biblioteca conterrà tutti i libri composti in un linguaggio grammaticalmente corretto, compresi tutti i capolavori già scritti in letteratura permutando quei 25 caratteri.

Volendo quantificare, i singoli libri della biblioteca di Borges sono in numero pari a 25 elevato alla potenza di 1.312.000, cioè 25 moltiplicato per sé stesso 1.312.000 volte. In notazione decimale, fa 10 elevato alla 1.834.097. Sono molti più (ma davvero molti più) di tutte le particelle presenti nell'universo. Se prendiamo anche solo la prima pagina, ne esisteranno 25 elevato alla 3200 versioni possibili, un numero già esorbitante. Poiché ogni esagono contiene 640 volumi, il numero totale di esagoni è pari a 25 elevato a 1.311.997. Per inciso, poiché il numero di libri per esagono non divide esattamente il numero totale di libri, deve esistere da qualche parte un esagono, davvero speciale, che non è pieno (che sia quello il mitico Esagono Cremisi?).

Secondo il matematico William Goldbloom Bloch, che nel 2008 ha dedicato un libro piuttosto maniacale alla "inimmaginabile matematica" della biblioteca borgesiana, lo spazio totale del nostro universo fisico potrebbe contenere all'incirca 10 alla 84 libri. Quindi la biblioteca di Babele è stratosfericamente più grande di tutto l'universo. Il totale dei libri è un numero detto proprio per questo "iperastronomico": un colosso inconcepibile per la mente umana, d'accordo, al confronto del quale ogni dimensione enorme ci venga in mente diventa un moscerino, ma pur sempre calcolabile e non infinito. Il numero dei libri è finito, ancorché iperastronomicamente grande.

Per esempio, la biblioteca di tutti i libri possibili in tutti i linguaggi del mondo, e non in uno solo (quindi non con 25 caratteri, ma molti di più), sarebbe terribilmente più grande. Più grande di qualcosa di già grandissimo. Per attraversarla da un capo all'altro ci vorrebbero milioni di miliardi di anni luce. La biblioteca di Babele è più vasta del mondo conosciuto a una scala umanamente non figurabile. Ma è uno spazio logico, mentre l'universo è uno spazio reale. Come Galileo Galilei fa dire a Sagredo alla fine della prima giornata del *Dialogo sopra i due massimi sistemi del mondo*, l'alfabeto è la più stupenda di tutte le invenzioni perché permette di comunicare oltre ogni barriera di tempo e di spazio "con i vari accozzamenti di venti caratteruzzi sopra una carta" (p. 130).

La biblioteca dunque è finita, ancorché gigantesca, eppure contiene tutte le frasi grammaticali possibili in un dato alfabeto e tutti i libri più lunghi, componibili all'infinito: come è possibile? Il paradosso deriva dal fatto che, secondo Borges, la biblioteca è periodica. Se essa contiene tutte le combinazioni possibili, allora ci sarà sempre una combinazione di più libri che descrive un libro più lungo. Detto altrimenti, la dimensione limitata di ogni volume non è una reale restrizione, perché ci sarà sempre un volume nella biblioteca che è la continuazione di un altro volume. Portando all'estremo il ragionamento, ci saranno per esempio 25 volumi ciascuno dei quali contiene uno solo dei 25 caratteri e tutto il resto è spazio bianco. Se i volumi fossero divisibili, componendoli a piacimento potremmo scrivere qualsiasi testo di qualsiasi lunghezza, che poi verrebbe di nuovo ricomposto in uno o più libri di 410 pagine.

Dunque ha ragione Borges: la biblioteca non è infinita, ma illimitata e periodica. Per certi aspetti, è un unico interminabile volume. Lo scrittore argentino paventa questa possibilità nella nota finale del suo racconto: "Letizia Álvarez de Toledo ha osservato che la vasta biblioteca è inutile; a rigore, basterebbe *un solo volume*, di formato comune, stampato in corpo nove o in corpo dieci, e composto d'un numero infinito di fogli infinitamente sottili" (p. 689). L'idea è mutuata dal principio scoperto nel Seicento dal matematico italiano Bonaventura Cavalieri, anticipatore del calcolo infinitesimale (di cui Borges era cultore appassionato), secondo cui ogni corpo solido è dato dalla sovrapposizione di un numero infinito di piani.

Come notò nel 1987 il filosofo e logico Willard Van Orman Quine, possiamo spingere anche oltre questa riduzione della biblioteca a un solo volume. Potremmo per esempio comprimere l'alfabeto di 25 caratteri in un codice binario, fatto di soli 0 e 1, e riscrivere tutti i libri esprimendoli con due soli caratteri. A questo punto, applicando quanto detto sopra, potremmo condensare l'intera biblioteca in due volumi, uno fatto tutto di 0 e uno fatto tutto di 1. Ripetendo e alternando a piacimento sequenze di questi volumi, l'intero insieme delle permutazioni della biblioteca potrebbe essere tradotto in codice binario e ampliato in modo indefinito, senza perdere nulla del suo contenuto.

Ecco perché la biblioteca di Babele è finita e al contempo universale e illimitata. Ricorsivamente, dandosi regole di composizione e ripetendole, si può estendere quanto si vuole qualsiasi sequenza di simboli. Tutto ciò che merita di essere detto, e anche tutto ciò che non lo merita affatto, può essere espresso in una sequenza indefinita di due caratteri. Detto ciò, sul piano geometrico la topologia della biblioteca (che, ricordiamolo, è sinonimo dell'universo stesso) resta enigmatica, perché secondo Borges non ha un centro, la circonferenza è irraggiungibile, non ha confini, è illimitata e periodica. Se fossimo catapultati al suo interno, come ci apparirebbe?

Secondo William Goldbloom Bloch, l'unica struttura compatibile con i vincoli posti dallo scrittore è uno spazio che sia euclideo e tridimensionale solo a livello locale, ma in realtà sferico e quadridimensionale. Muovendosi costantemente in una qualsiasi direzione si ritornerà ciclicamente sempre al punto di partenza. Per capire, abbassiamoci di una dimensione e torniamo nel mondo per noi familiare: è come quando viviamo sulla superficie del pianeta e localmente pensiamo che essa sia bidimensionale, accorgendoci che siamo sulla superficie di una sfera tridimensionale solo quando ne percorriamo l'intera circonferenza e torniamo al punto di partenza. Lo stesso accade quando siamo sul bordo tridimensionale di una palla quadridimensionale. Ecco perché nessun punto della biblioteca è privilegiato, non si arriva mai a un confine e si torna periodicamente nello stesso posto.

Lo spiegò in modo magistrale nel 1884 lo scrittore Edwin A. Abbott in *Flatlandia*. Se pensate di vivere in due dimensioni, su un piano, e a un certo punto una sfera tridimensionale attraversa il vostro mondo dall'alto, cosa vedrete? Un punto (il polo sud) che si allarga sempre di più diventando un cerchio e poi si restringe tornando un punto (il polo nord). Allo stesso modo, ora immaginate di vivere in tre dimensioni e che una misteriosa sfera quadridimensionale intersechi il vostro mondo. Vedrete un punto che si espande in una sfera e poi si restringe tornando un punto. Ebbene, la biblioteca di Borges è quella ipersfera quadridimensionale, per noi inimmaginabile.

Il gran libro del mondo

In ogni caso si evince che la biblioteca di Babele è soprattutto un gioco combinatorio, poiché è completa entro i limiti dati (non sono ammessi caratteri alieni ai 25 prescritti e i numeri di caratteri e pagine per libro sono fissi). L'esercizio immaginifico risale peraltro alla sapienza antica, come lo stesso Borges ammette in *La biblioteca total* del 1939. Secondo quanto riportato da Aristotele, i pensatori atomisti Leucippo e Democrito avevano teorizzato che gli stessi atomi, diversamente combinati, formassero infiniti corpi differenti, proprio come le stesse lettere generano sia la commedia sia la tragedia.

Lucrezio, nel *De rerum natura*, approfondisce magistralmente questo parallelismo: alle cose si possono applicare le proprietà combinatorie delle parole, e viceversa; alla fisica le leggi della lingua. Al cosmo si addicono dunque i codici della grammatica, che per Lucrezio sono cinque: incontro, movimento, ordine, posizione, forma. Le stesse regole governano atomi e lettere, struttura dell'universo e struttura del poema. Come ha scritto Ivano Dionigi, il cosmo di Lucrezio in un certo senso è un'esecuzione linguistica, una meravigliosa cattedrale verbale che dispiega l'ordine del mondo e che in sé stessa è un'arte combinatoria di figure retoriche, simmetrie, polarizzazioni, tessiture morfologiche e formazioni lessicali regolari.

Ne discende una buona notizia: se gli elementi di cui è fatto l'universo sono sia atomi sia lettere, che si combinano in tutte le possibilità, allora il mondo è razionalmente comprensibile. Leggibile come un testo, appunto. Basta conoscerne la grammatica.

Le stesse lettere designano infatti il cielo, il mare, le terre, i fiumi, il sole, le messi, le piante, i viventi – scrive Lucrezio. C'è una corrispondenza biunivoca, una sovrapponibilità, reciprocità, specularità, tra corpi e parole. Un'osmosi tra l'impalpabile ordine fisico degli atomi e l'ordine linguistico.

Questa idea fulminante di Lucrezio – che la scrittura possa essere il modello di ogni processo della realtà – attraeva molto (e allo stesso tempo spaventava) Italo Calvino. E tra un po' scopriremo perché. Lo scrive anche Borges, a modo suo: "Il Medioevo attribuì allo Spirito Santo la scrittura di due libri. Il primo era, come è noto, la Bibbia; il secondo, l'universo, le cui creature contenevano insegnamenti immorali. Per spiegare quest'ultimo, vennero compilati i Fisiologi o bestiari" (*Il libro degli esseri immaginari*, p. 90). I cabalisti pensavano che contando, combinando e permutando le lettere delle Sacre Scritture non soltanto si potessero penetrare gli arcani del divino, ma anche creare mondi. Il Golem era un uomo artificiale ottenuto dalla combinazione di lettere, poiché nel Talmud è scritto che, se i giusti volessero creare un mondo, potrebbero farlo combinando le lettere degli ineffabili nomi di Dio.

Detto altrimenti, per rendere il mondo intellegibile, bisogna raccontarlo, bisogna esplorare le combinazioni rispettive di parole e cose. La fiducia nel reale è consapevolezza di poterlo leggere, perché il reale stesso è espressione di un linguaggio, di un gioco d'alfabeto. Anche la tavola periodica degli elementi di Mendeleev – che secondo Primo Levi è la "più alta e più solenne di tutte le poesie digerite in liceo" e a pensarci bene, "aveva persino le rime!" (*Il sistema periodico*, p. 40) – è un gioco combinatorio di protoni, neutroni e orbitali elettronici, retto da uno schema così ordinato da rivelarsi predittivo. I buchi che risultavano a Mendeleev nella tavola erano elementi mancanti, realmente esistenti, con proprietà chimiche predicibili, che nessuno aveva ancora mai osservato (come il gallio, lo scandio e il germanio). Se per Lucrezio il libro del mondo è scritto in caratteri poetici, per Galileo Galilei è scritto in caratteri geometrici, cioè nel verbo della matematica che ci emancipa dall'"oscuro laberinto" dell'ignoranza. Per Lucrezio, Galileo e Mendeleev il mondo è pur sempre un libro da aprire, per disvelare e annunciare cose inaudite. E i libri stanno nelle biblioteche.

Incontri, movimenti, ordine, posizione e forma di Lucrezio valgono quindi metaforicamente per le lettere, per gli atomi, per gli elementi geometrici, ma anche per altre sequenze combinatorie che descrivono, per esempio, le serie di aminoacidi nelle proteine o di basi nucleotidiche nel DNA. Dunque non è difficile estendere questa idea al fatto che dovrà pur esistere, almeno virtualmente, una biblioteca di libri, di storie, di descrizioni del mondo, di sequenze, che contenga tutte le combinazioni possibili a partire da un dato linguaggio. Ecco gettato il seme di un'idea, o meglio di un'immagine, che dagli atomisti giunge duemila anni dopo fino a Borges. Passando attraverso alcuni personaggi curiosi.

Da Pico della Mirandola a Leibniz, in molti hanno pensato o sperato che i segreti del mondo fossero inscritti nelle combinazioni di segni di una scrittura. Nel Duecento, nell'arte combinatoria e nella mnemotecnica del grande mistico, alchimista e filosofo di Palma di Maiorca, Raimondo Lullo, è presente l'idea che ogni problema logico debba essere scomposto in parti sempre più piccole, fino a ridursi a lettere di alfabeto e alle loro inesauribili combinazioni. Sei secoli dopo, il matematico Lewis Carroll, più noto per la sua Alice, in *Sylvie e Bruno* aveva messo in scena un dibattito attorno alla domanda se ci potesse stare più conoscenza in tutti i libri possibili, che sono tanti ma non infiniti, piuttosto che nella mente umana. In quel periodo anche lo psicologo della percezione Gustav Theodor Fechner – uno che voleva essere positivista, ma anche panpsichista (pensava che tutti gli esseri viventi avessero una coscienza, e forse anche i pianeti) – nei suoi libri matematici aveva vagamente anticipato e ispirato l'idea di Borges.

Il biografo di Fechner, lo scrittore di fantascienza tedesco Kurd Lasswitz, nel 1904 pubblicò un racconto dal titolo *La biblioteca universale*, nel quale i caratteri si combinano e ripetono in modo tale da esprimere qualsiasi parola possibile e qualsiasi libro in un dato linguaggio. Sette anni prima aveva pubblicato un romanzo in cui i marziani sono così progrediti che non hanno nulla da invidiare alla serie *Star Trek* (in un episodio della quale peraltro si cita la biblioteca di Babele, che compare anche nelle opere di Isaac Asimov, di Douglas Adams e di molti altri a seguire; insomma, è diventata un meme nell'immaginario del Novecento).

Perdersi nel gran libro del mondo

La biblioteca di Lasswitz si trasforma ben presto, dal sogno di costruire una libreria che contenga non solo tutti i libri già scritti ma anche tutti quelli che potrebbero essere scritti in futuro, nell'incubo di un labirinto senza uscita, totalizzante. Il dialogo di esordio tra i protagonisti del suo libro sarebbe di stretta attualità anche oggi. In sintesi: un professore di matematica lamenta la quantità di libri inutili che vengono pubblicati. Sua moglie commenta che forse tutto ciò che andava scritto è già stato scritto, il resto è cover. Un amico editore, più ottimista, interviene dicendo che no, non è possibile che le novità letterarie siano già esaurite e che nessun capolavoro potrà più essere concepito: basti pensare a quanti libri possono esistere considerando tutte le combinazioni possibili in un dato insieme di caratteri alfabetici.

Ed ecco che la compagnia, di fronte a una buona birra, inizia a fantasticare sulla biblioteca universale, pur sempre finita, ma di dimensioni tali da sfuggire a qualsiasi immaginazione umana. Qui i caratteri sono 100, le pagine dei libri 500, ciascuna con

40 righe per 50 caratteri ciascuna, quindi un milione di caratteri a libro. Più semplice di Borges, ma il modello è lo stesso. Percorrerla dall'inizio alla fine sarebbe impossibile, anche avendo tutto il tempo dell'universo a disposizione – calcola il professore di matematica. Trovare dunque il libro che si sta cercando è astronomicamente improbabile. Rispetto alla vita umana – ci fa capire Lasswitz, che era in contatto epistolare con uno degli autori prediletti da Borges, il mago degli infiniti Georg Cantor – la biblioteca è inesauribile. È come la sfera spaventosa di Blaise Pascal il cui centro è ovunque e la circonferenza in nessun luogo. Per gli ermetici quella sfera era Dio, per Giordano Bruno l'universo, per Pascal la natura.

Nella biblioteca ci si sente naufraghi, soli, perduti fra paradossi insolubili. Per esempio, essa deve necessariamente includere, fra i suoi libri, anche il catalogo stesso della biblioteca, quindi una guida per esplorarla senza perdersi! Per quella di Babele, il catalogo dovrebbe contenere il codice per identificare in modo univoco 25 elevato a 1.312.000 libri. Dunque la guida della biblioteca di Borges è composta da un numero elevatissimo di volumi, sparsi chissà dove negli esagoni. Ma la probabilità di trovare per caso un libro qualsiasi è di uno su 25 alla 1.312.000, ovvero una probabilità così vicina allo zero da poter essere considerata zero in qualsiasi senso ragionevole del termine. Ci vorrebbe un bibliotecario immortale per trovare i volumi del catalogo e metterli in fila. Sul piano informazionale, la biblioteca è incomprimibile, intrattabile, disperante (perfetta esemplificazione del pessimismo di Borges circa le capacità della ragione e dell'esperienza di comprendere il mondo).

E poi come trovarlo, se ci sono anche tutti gli innumerevoli cataloghi della biblioteca che differiscono per un solo carattere, e da qualche parte c'è persino un contro-catalogo che dimostra la falsità del catalogo? All'editore del racconto di Lasswitz, che ci aveva sperato, non resta che concludere che è inutile e deprimente cercare il prossimo capolavoro inedito dell'umanità negli scaffali di una biblioteca universale, rinunciando all'autore e accontentandosi di una macchina combinatoria. Non lo si troverebbe mai (un monito *ante litteram* per le ambizioni dell'intelligenza artificiale generativa di oggi). Bisogna mettersi al tavolo, traspirare umano sudore e provare a scriverlo.

Si noti che sia in Carroll sia in Lasswitz la combinazione di tutti i libri possibili è una sfida all'intelligenza umana, una dialettica tra logica e realtà. La biblioteca totale per Borges è proprio questo: non ancora una distopia; un'utopia ambivalente. Lo scrittore confessò di essersi ispirato alla biblioteca municipale Miguel Cané, in cui aveva lavorato, e di averne fatto una descrizione kafkiana. La mostruosa creatura libresca ci affascina per la sua onniscienza, per il suo abbracciare tutto lo scibile umano, e al contempo, non avendo essa un ordine riconoscibile, non ci offre alcun effettivo contributo di conoscenza. Il catalogo della biblioteca è la biblioteca stessa. In fondo, potrebbe anche non contenere alcun libro, o non contenere alcun libro dotato di senso, e per noi bibliotecari smarriti sarebbe lo stesso. Quando ci si trova immersi in una quantità così soverchiante di informazioni e non si ha una guida, il vero e il falso sono indistinguibili e nessuna notizia è attendibile. Le teorie del tutto rischiano di diventare teorie del nulla. L'immensa biblioteca è cieca e muta.

Lo conferma Borges nei suoi assiomi sulla biblioteca. In primo luogo, essa è eterna ed esisterà sempre. L'essere umano è un imperfetto bibliotecario, figlio del caso o di un demiurgo pasticcione e malevolo, mentre la biblioteca-universo non può che essere l'opera di un dio. In secondo luogo, quasi tutti i libri hanno una natura informe e caotica, al punto che in alcune regioni barbariche della biblioteca si è deciso di rinunciare a dare un senso al mondo. Inoltre, la sua legge fondamentale prevede che non vi siano due soli libri identici. Quindi essa è totale, contiene un numero vastissimo ma non infinito di libri.

Affermare tuttavia che la biblioteca sia un nonsenso è empio – scrive Borges – perché è vero che le frasi ragionevoli sono una miracolosa eccezione, ma la mente umana può comunque dare un senso allegorico o una giustificazione crittografica a proposizioni a prima vista incoerenti, a strutture verbali e variazioni. Tale senso, naturalmente, sarà anch'esso presente nella biblioteca, in qualche altro libro. Come in un'infinita ermeneutica. La biblioteca è una tautologia incessante. Data l'arbitrarietà con la quale gli umani associano suoni e cose, non possiamo quindi escludere che qualsiasi combinazione di caratteri abbia un senso in una diversa lingua della biblioteca, che esprima tenerezza o terrore, o che sia addirittura il nome di un dio.

Come si fa allora a trovare una strada, una direzione, in uno spazio di possibilità tanto immenso? Frances Arnold è affascinata e turbata. Quando lei è a Madrid, nel 1976, Borges è ancora vivo (morirà dieci anni dopo) e sta scrivendo *Il libro di sabbia*, dove immagina questa volta non una biblioteca combinatoria, ma un libro con un numero infinito di pagine, che cambiano ogni volta che lo si apre, uno sconcertante Libro dei Libri senza principio né fine, senza alcun ordine. Un libro mostruoso, un oggetto da incubo. Chi lo possiede è inquieto, ne diventa prigioniero, lo deve abbandonare al più presto per non impazzire.

Ma Frances sta ostinatamente cercando una mappa per navigare nella Babele. Le rimane scolpita in testa la frase finale che Borges appone al racconto della sua biblioteca: "Se un eterno viaggiatore la traversasse in una direzione qualsiasi, constaterebbe alla fine dei secoli che gli stessi volumi si ripetono nello stesso disordine (che, ripetuto, sarebbe un ordine: l'Ordine). Questa elegante speranza rallegra la mia solitudine" (p. 689). Forse c'è un ordine, un ordine iterativo. Persino una configurazione del tutto caotica, se ripetuta all'infinito, sembrerà ordinata e necessaria. Quindi, se non altro, i libri sono sì disposti a caso, ma almeno non si spostano nottetempo: esagoni e libri rimangono sempre nello stesso posto. O forse quell'apparenza di sommo disordine è data dal fatto che la biblioteca contiene tutti gli ordinamenti possibili di quei libri.

Essendo finita ma potendo ripetere sé stessa all'infinito, la biblioteca è una reminiscenza (un avatar tipografico, scrisse Borges) di un'altra idea vertiginosa che dagli stoici antichi arrivò fino a Friedrich Nietzsche: è l'eterno ritorno di tutte le cose; l'uroboro, serpente che si morde la coda; il mito della fenice che risorge dalle proprie ceneri; l'ipersfera a quattro dimensioni in cui si ritorna sempre al punto di partenza. Che poi è il girare in tondo e a vuoto, fino ad accorgersi che ci vorrebbe un tempo infinito per trovare ciò che si cerca e dunque che ci si è irrimediabilmente perduti nel labirinto.

La giovane di Pittsburgh è annichilita da questa prospettiva. Poi ricorda di aver letto sulla rivista *Nature* l'articolo di un noto evoluzionista, John Maynard Smith, che aveva fantasticato attorno all'esistenza di un'analoga enorme biblioteca: piena non di libri, ma di proteine, i mattoni degli esseri viventi che vengono sintetizzati a partire dai geni. Che strano: lo stesso ragionamento si può applicare ai libri e alle proteine – avrà pensato. Ma la biblioteca delle proteine è proprio identica a quella di Babele? Ed è altrettanto pericoloso e vano navigarla? O ci sarà dopotutto, anche in quella, un'*elegante speranza* da inseguire?

Forse si può aprire una breccia nell'infinita malinconia della biblioteca.

2

L'immenso spazio delle proteine

Il numero dei simboli ortografici è di venticinque. Questa constatazione permise, or sono tre secoli, di formulare una teoria generale della Biblioteca e di risolvere soddisfacentemente il problema che nessuna congettura aveva permesso di decifrare: la natura informe e caotica di quasi tutti i libri. Uno di questi, che mio padre vide in un esagono del circuito quindici novantaquattro, conserva delle lettere M C V, perversamente ripetute dalla prima all'ultima riga.

JORGE LUIS BORGES, *La biblioteca di Babele*

Cosa aveva scritto di così interessante quel famoso evoluzionista per impressionare a tal punto Frances?

Si tratta di un breve commento, poco più di una pagina, uscito sul numero di *Nature* del 7 febbraio 1970. John Maynard Smith ha cinquant'anni ed è all'apice della sua carriera di difensore della rivoluzione darwiniana. Ingegnere aeronautico come prima formazione, alla fine della Seconda guerra mondiale aveva studiato genetica delle popolazioni con uno dei fondatori della disciplina, J.B.S. Haldane, comunista come lui. Nel 1962 aveva contribuito a fondare la University of Sussex, dove rimase per tutta la vita, dando contributi fondamentali alla teoria dei giochi applicata all'evoluzione, allo studio dell'evoluzione del sesso, alla ricostruzione delle grandi transizioni che hanno scandito la storia naturale raggiungendo ogni volta nuovi livelli di cooperazione. Con fine humour britannico, ha insegnato a generazioni di scienziati ad applicare la matematica all'evoluzione. Ardeva di curiosità e riusciva sempre a condensare in efficaci metafore idee complesse e strane per la nostra mente.

Scimmie alla tastiera

Lo spunto iniziale è polemico, tipico di quel londinese spiritoso e mordace. Un certo Frank B. Salisbury, fisiologo vegetale alla Utah State University, aveva scritto su *Nature* l'anno prima che a suo dire ci sarebbe una contraddizione di fondo tra la teoria dell'evoluzione darwiniana e l'idea dell'unicità del gene, cioè il fatto che un gene sia una sequenza unica di basi nucleotidiche la cui funzione è determinare la sequenza di aminoacidi di una proteina. Secondo i suoi calcoli, il numero di possibili sequenze di aminoacidi è più vasto di molti ordini di grandezza rispetto al numero di proteine che possono essere esistite sulla Terra sino a qui. Quindi le proteine effettivamente funzionali avrebbero una probabilità bassissima, pressoché nulla, di emergere attraverso mutazioni casuali e di essere selezionate. Ne conseguirebbe che la selezione naturale non può funzionare poiché non ha abbastanza carburante, ovvero le mutazioni favorevoli che costituiscono il suo materiale grezzo di partenza.

È uno dei tanti argomenti probabilistici strampalati sollevati dagli oppositori della spiegazione darwiniana nel secolo scorso. Rientrano tutti nella fuorviante metafora secondo cui l'evoluzione sarebbe come un uragano che investe una montagna di rottami sulla pista di un aeroporto e miracolosamente riesce ad assemblare un Jumbo. Detto così, è impossibile. A un occhio distratto sembrano obiezioni razionali e scientifiche, ma poi, grattando solo un pochino sotto la superficie, ecco emergere il creazionista inconfessato. Le strutture biologiche – dicono di solito costoro – sono troppo complesse per essersi evolute attraverso un processo graduale di filtraggio di mutazioni casuali. Eh già, infatti non più tardi del 1971 il nostro Salisbury era già uscito allo scoperto pubblicando un articolo in cui invocava l'esistenza di una spiegazione alternativa: un grande "disegno intelligente". Seguiranno due appassionati volumi sulla creazione divina. Il fiuto di Maynard Smith aveva colto nel segno: un criptocreazionista aveva pubblicato su *Nature*. Si doveva rispondere.

Nella storia del pensiero, tutti gli scettici nei confronti del potere del caso e della logica combinatoria hanno in un modo o nell'altro ripreso questo argomento. Cicerone già scriveva di non credere possibile che, mescolando a caso le lettere dell'alfabeto, si potesse mai ricreare anche solo una frase dotata di senso, figuriamoci gli *Annales* di Ennio. Gli rispose molto tempo dopo un darwiniano della prima ora, Thomas H. Huxley, secondo il quale invece una mezza dozzina di scimmie, dotate di tastiera, avendo a disposizione un'eternità riuscirebbero a comporre tutti i libri presenti al British Museum. Il matematico francese Émile Borel nel 1913 ne fece un teorema: qualsiasi evento o sequenza di eventi, con una probabilità di accadere diversa da zero, dato un tempo infinito a disposizione accadrà quasi sicuramente. Il ragionamento, ripreso anche dall'astronomo Arthur Eddington, vale pure nel caso di una infinità di scimmie alla tastiera: prima o poi viene fuori l'*Amleto*.

Borel e Eddington usarono il teorema in modo paradossale: poiché è inutile e disumano pensare di avere un tempo infinito a disposizione, o un universo infinito in cui divertirsi a fare tentativi, è ragionevole considerare, nell'approssimazione delle nostre vite, che un evento così astronomicamente improbabile da rasentare lo zero sia pressoché impossibile. Attenzione, però: in questa immagine di scimmie scriventi – che fu un'altra delle ispirazioni di Borges per *La biblioteca di Babele* – si suppone che gli animali pigino quei tasti a caso. Nell'evoluzione, non è così. E qui emerge una differenza che Frances Arnold seppe cogliere al volo.

Un gioco di parole

La risposta di Maynard Smith a Salisbury è esemplare per pacatezza, ironia ed efficacia comunicativa. Non prende mai di petto l'avversario, non lo mette in caricatura, e in tre mosse lo smonta. Suggerisce di affrontare il problema da un'angolatura differente e di partire dai dati di fatto. Le mutazioni genetiche non sono "casuali" dal punto di vista chimico (sono errori di copiatura del DNA spesso indotti da agenti esterni, detti appunto mutageni), quindi non sono accidentali perché misteriosamente prive di cause, ma perché i loro effetti non sono prevedibili rispetto alla funzionalità della proteina corrispondente. In sostanza, le mutazioni non emergono "in vista di" o "per" gli effetti che avranno: emergono e basta – in modo spontaneo, come diceva Charles Darwin – a causa di loro ragioni intrinseche, e poi casualmente possono avere effetti negativi, qualche volta positivi, oppure assai spesso neutrali, cioè ininfluenti.

Inoltre, aggiunge Maynard Smith, l'evoluzione darwiniana prevede il successo di mutazioni favorevoli attraverso la selezione naturale, d'accordo, ma anche attraverso la fissazione casuale di mutazioni neutrali dovute alla "deriva genetica", cioè ad assortimenti contingenti di variazioni causati per esempio dalla migrazione di una piccola popolazione in una nuova regione (fenomeno noto come "effetto del fondatore") oppure dalla sua improvvisa riduzione numerica a causa di uno stravolgimento ecologico ("collo di bottiglia"). Come al solito, la spiegazione evoluzionistica non è mai semplicistica come i detrattori vorrebbero far credere.

Sin qui, tutti fatti empirici riscontrati sperimentalmente. Mettiamo che le mutazioni siano casuali e basta, come la sequenza dei tasti pigiati da quelle scimmie immaginarie. Come facciamo a calcolare la percentuale di sequenze di aminoacidi che sono funzionali rispetto a tutte le altre che non lo sono? L'evoluzionista britannico propone allora un modello di evoluzione delle proteine, delle quali non si era mai occupato prima, partendo dalla metafora di un famoso gioco di parole. Il compito è passare da una parola a un'altra, della stessa lunghezza, cambiando una sola lettera per volta, e in modo tale che tutte le parole intermedie abbiano un significato nello stesso linguaggio. Non è facile, provate.

Per esempio, come si fa a passare, con il minimo numero di passaggi, da WORD ("parola") a GENE? Così: da WORD si passa a WORE ("indossato"), poi a GORE ("incornare"), poi a GONE ("andato") e quindi a GENE. Ora mettiamo che le parole siano le proteine: le lettere sono gli aminoacidi; l'alterazione di una singola lettera è il più piccolo cambiamento evolutivo possibile, cioè la sostituzione di un aminoacido con un altro; il significato della parola corrisponde alla funzionalità della proteina. L'evoluzione per selezione naturale funziona proprio in questo modo, nota Maynard Smith, inventando una metafora che avrà grande fortuna. Certo, oggi sappiamo che non è necessario che ogni cambiamento sia così piccolo (anche mutazioni di più lettere possono funzionare) e che non sempre i nuovi geni nascono da modificazioni di geni preesistenti (a volte emergono *ex novo* da inediti assemblaggi di sequenze che prima non servivano a niente), ma questi aggiornamenti non cambiano la sostanza dell'analogia. Le proteine sono come parole: sono date da una sequenza di "lettere" di un alfabeto (gli aminoacidi) e come tali possono essere lette. Da qualche parte nella nostra mente possiamo concepire il gran libro di tutte le proteine possibili.

Immaginiamo a questo punto che la modifica di una proteina possa avvenire attraverso un percorso di singoli passaggi, ognuno dei quali utile a chi possiede quella proteina, come del resto aveva predetto Darwin a proposito dell'evoluzione dei tratti degli organismi. Esistono altri percorsi che da WORD portano a GENE in inglese (per esempio: WORD-GORD-GOND-GEND-GENE), ma alcune delle parole intermedie non significano nulla, cioè sono varianti mutate (fuor di metafora) che non arrecano vantaggi ai possessori: sono neutrali o svantaggiose, e quindi potrebbero essere cassate dalla selezione naturale, impedendo di raggiungere il risultato finale migliore (la parola GENE). Un intermediario sfortunato blocca la catena e il processo si interrompe.

Lo spazio immaginario di tutte le proteine

Teniamo a mente il gioco di parole e il parallelismo con le proteine. A questo punto Maynard Smith definisce "spazio delle proteine" l'insieme di tutte le possibili sequenze di aminoacidi che definiscono una qualsiasi proteina potenziale. Al suo interno due sequenze (due proteine) sono "vicine" se l'una può essere convertita nell'altra attraverso una singola sostituzione di aminoacido. Una conseguenza importante di questo modo di concepire lo spazio delle proteine, quindi, sarà che le proteine utili non si distribuiranno in modo casuale nello spazio, come una nuvola di particelle impazzite. O come i libri nella biblioteca di Borges. Ci saranno invece reti continue di proteine utili, ciascuna connessa alle sue vicine da un singolo passaggio, da una singola mutazione, senza che un intermediario disfunzionale interrompa la continuità. Ovviamente, con parole di quattro lettere è tutto più semplice, con proteine lunghe centinaia di aminoacidi (ciascuna circondata da un insieme di proteine che differiscono per una sola mutazione) lo spazio diventa vastissimo.

Sta emergendo una differenza cruciale rispetto alla biblioteca di Babele. Anche in uno spazio di combinazioni così astronomicamente grande – spiega Maynard Smith – possono formarsi reti di proteine funzionali, collegate tra loro. Affinché ciò avvenga, è sufficiente che una percentuale anche molto piccola delle proteine limitrofe a una proteina funzionale sia altrettanto funzionale o più funzionale. Ecco perché l'evoluzione per selezione naturale è possibile e l'obiezione di Salisbury cade: la selezione non riparte ogni volta da zero, pescando a caso nel mucchio di tutte le proteine possibili e mettendoci un tempo infinito, ma parte da ciò che già è funzionale e filtra le varianti possibili. La selezione naturale esplora cioè un network già esistente. Si muove all'interno di un ordine invisibile nella biblioteca e ci naviga dentro.

Detto altrimenti, l'evoluzione è un processo cumulativo di adattamento a circostanze mutevoli. Il suo combustibile sono le piccole mutazioni che agiscono su proteine già funzionali (tutt'altra questione – nota giustamente Maynard Smith – è come siano nate nell'evoluzione le prime strutture funzionali capaci di replicarsi, cioè l'origine della vita). In alcune regioni dello "spazio delle proteine" ci sarà una maggiore densità di sequenze utili, vantaggiose e promettenti. In altre regnerà il rumore. Considerando che le proteine sono composte da 20 lettere (gli aminoacidi) e che mediamente la loro sequenza è lunga circa 500 aminoacidi, risulta che la biblioteca di Babele di tutte le proteine possibili conterrebbe il numero astronomico, ma pur sempre finito, di 20 alla 500 combinazioni, più di tutte le particelle dell'universo (come quella di Borges).

La sola regola è che non devono esserci due proteine identiche, allo stesso modo in cui nella biblioteca di Babele "non vi sono due soli libri identici". Come in quella interminabile sequenza di gallerie di Borges, la gran parte delle sequenze di aminoacidi sono caos: non fanno nulla. Raramente se ne trova una che abbia un senso, in qualche scaffale di una regione remota, una cioè che l'evoluzione ha selezionato in quanto svolge una funzione utile per una delle specie di esseri viventi che popolano la Terra.

Comunque, anche per le proteine ci sono molti più modi per essere insignificanti (cioè non ripiegate e incapaci di svolgere alcuna funzione), piuttosto che per essere utili a qualcosa. Non pare esserci speranza di trovare una strada nella sterminata biblioteca delle proteine, proprio come in quella, non infinita ma illimitata e periodica, di Borges. O almeno così sembra. Maynard Smith infatti ha lasciato aperta la speranza che nella biblioteca delle proteine, per quanto sterminata, ci siano reti di connessioni che la selezione naturale ha già esplorato. Nel 1970, conclude il suo commento su *Nature* con alcune domande aperte che rimarranno scolpite nella mente di Frances Arnold.

Le differenze tra la biblioteca di Babele e la biblioteca delle proteine

Chissà se nella biblioteca delle proteine c'è un solo grande network di sequenze funzionali, una sorta di enorme ed evanescente ragnatela di senso, con una sola origine evolutiva, dentro la quale da sempre la selezione naturale si muove come un ragno in agguato. Oppure se, chissà, esistono tante reti distinte, ognuna con il suo punto di inizio indipendente. Non lo sappiamo. E ancora, si chiede il biologo inglese: quante volte l'evoluzione è riuscita a passare attraverso un intermediario meno funzionale o è riuscita a saltare a una nuova sequenza accumulando più mutazioni in un colpo?

Qui Maynard Smith ha in mente un'altra famosa analogia molto usata in campo evoluzionistico: il paesaggio adattativo. Proposto dal genetista statunitense Sewall Wright nel 1932, è un esercizio di immaginazione in cui si mettono gli organismi o le popolazioni biologiche sulla superficie di un paesaggio ondulato, con picchi e avvallamenti. L'altitudine misura il grado di fitness, cioè l'abilità di sopravvivere e quindi riprodursi, in un dato ambiente: il massimo è trovarsi in cima a un picco adattativo; il peggio è finire in fondo alla valle dell'estinzione. Su una vetta di idoneità può esserci, per esempio, una proteina capace di favorire una certa reazione chimica (un enzima). Gli enzimi vicini a quello stanno un po' più in basso e quindi sono meno idonei a svolgere quella funzione. Lo stesso può dirsi di un intero organismo che siede su un picco adattativo e che presenta il massimo grado possibile di fitness in un certo ambiente.

Come nello spazio delle proteine, una mutazione genetica può avere effetti differenti su un organismo:

positivi se lo sposta un po' più in alto nel paesaggio; neutrali se rimane nella stessa pianura; negativi se lo spinge verso un declivio. Ulteriore complicazione interessante: se l'ambiente cambia, le pressioni selettive si modificano e dunque il paesaggio si trasforma. Dove prima c'era un picco di eccellenza, adesso magari c'è solo una collinetta, e così via. Le cime sono in costante movimento anche perché le vicissitudini di una specie si ripercuotono sulle altre. Si influenzano reciprocamente i picchi adattativi di prede e predatori, di ospiti e parassiti, di specie che coevolvono come le piante e i loro insetti impollinatori.

Evolvere significa quindi fare una *passeggiata adattativa*: esplorare il paesaggio adattativo nelle sue alterne fortune, senza sapere cosa ci sarà oltre la collina. In termini di paesaggio adattativo, le domande di cui sopra di Maynard Smith possono essere riformulate in questo modo: quante strade possono portare a un picco adattativo? Tutte o solo alcune? Un organismo o una specie riusciranno a raggiungere un picco adattativo se in mezzo c'è un avvallamento? Come fanno a saltarlo? E se la mutazione non è puntiforme ma sistemica e più ampia, essere catapultati di punto in bianco in un settore diverso del paesaggio è tollerato dall'evoluzione o c'è il serio rischio di finire dentro una valle senza ritorno? L'idea dei darwinisti novecenteschi gradualisti come Maynard Smith era che i cambiamenti bruschi fossero quasi sempre deleteri, ma oggi sappiamo che non è necessariamente così.

Intanto Frances a Madrid inizia a fantasticare: e se dentro quella sterminata biblioteca (o paesaggio) di proteine possibili ve ne fossero alcune, non ancora realizzate dall'evoluzione, in grado di svolgere funzioni straordinarie, come curare il cancro o risolvere la crisi energetica? La sua scommessa è uno slancio nell'ignoto. Forse esiste qualche picco adattativo, da qualche parte nella geografia del possibile, sul quale ancora nessuno si è arrampicato. Certo, se quel paesaggio è troppo accidentato e aspro, sarà difficile muoversi senza finire in un crepaccio. Ma se in qualche direzione ci sono dolci colline, allora lo si può esplorare. Soprattutto, dipende da quanto è immenso, quello spazio. Borges in tal senso sembra non lasciarle scampo. Il bibliotecario in cerca di quei rarissimi libri sa che non gli basterà una vita intera. È una ricerca disperata.

L'unica possibilità è far leva allora su due differenze oggettive tra la biblioteca di Borges e quella delle proteine. Innanzitutto, come scrive il poeta argentino, la sua biblioteca è puramente casuale. Non solo le singole frasi dotate di senso sono rarissime, e ancor più rari sono i libri interi, ma non c'è alcun ordine apparente nel modo in cui sono distribuiti fra gli esagoni della biblioteca. Detto altrimenti: leggere un libro non fornisce alcun indizio sui contenuti del libro che gli sta accanto sullo scaffale. Quindi non esistono direzioni da seguire per trovare un libro migliore a partire da quelli già letti. Non ci sono salite né discese. Non c'è alcun paesaggio di montagne e vallate.

Nella biblioteca delle proteine, al contrario, avere un significato vuol dire essere vivi. Implica che i nostri antenati dotati di quella mutazione ce l'hanno fatta. Hanno scalato il loro picco adattativo. Frances Arnold fa sua l'intuizione di Maynard Smith e pensa che quella differenza essenziale esista e si chiami "evoluzione per selezione naturale": un processo che da tre miliardi e mezzo di anni sta cercando quei libri pieni di senso al posto nostro. Corregge le bozze, le raffina, cerca compromessi, butta via i manoscritti che non funzionano più, tiene quelli che permettono maggiori chance di sopravvivenza e di riproduzione ai loro possessori. La selezione fa viaggiare le proteine, i loro geni, gli organismi, le specie, dentro il paesaggio adattativo.

Frances nota che esiste quindi una seconda differenza tra la biblioteca virtuale di Borges e quella di Maynard Smith. Mentre la prima non ha alcun ordine apparente ed è disperatamente disorganizzata, la seconda è strutturata in modo combinatorio. In pratica, come abbiamo visto, ogni proteina con una data sequenza (un libro) è circondata idealmente dall'insieme di tutte le proteine che differiscono da lei per una sola mutazione, ovvero che sono uguali alla proteina di partenza tranne che per il cambiamento di un solo aminoacido, una sola lettera. Immaginate la *Divina Commedia* e tutte le sue versioni che differiscono per la sostituzione di una singola lettera. Sono tantissime, ma non infinite. La biblioteca di Maynard Smith contiene tante dimensioni quanti sono i modi per introdurre una mutazione, e sono moltissimi. Una vertigine multidimensionale. Ogni punto della biblioteca è connesso a migliaia di altri, adiacenti, differenti per una sola mutazione. Tra due esagoni borgesiani, c'è soltanto un corridoio con i bagni, gli specchi e la scala a chiocciola. Ogni proteina-libro è invece circondata da un intorno, dato da tutti i vicini che differiscono per una sola lettera.

Altrimenti la selezione naturale non funzionerebbe. Essa infatti si ciba di mutazioni che modificano – spesso di poco, qualche volta di molto – la sequenza di partenza, conferendo vantaggi o svantaggi nel guadagnarsi da vivere in un dato ambiente. L'evoluzione procede esplorando ogni volta l'insieme dei vicini possibili, spostandosi un passo per volta nel paesaggio adattativo. Legge il cambiamento e assegna un valore di sopravvivenza. Lo fa molte volte, accumula variazioni lungo una certa traiettoria e così genera strutture di formidabile complessità. Per inciso: la selezione naturale non "legge" e non "assegna" nulla, è un meccanismo statistico del tutto cieco, non è un agente intenzionale; queste sono metafore antropomorfiche utili solo per intenderci.

Per capirlo, basta immaginare una sequenza casuale di numeri che scorre su uno schermo. Non c'è ordine, non c'è struttura, non c'è alcun senso: puro caos. Ora però introduciamo un qualsiasi valore funzionale semplicissimo: per esempio, stabiliamo che ogni volta che casualmente alla destra di un numero naturale compare il suo successore – un 4 dopo un 3, un 43 dopo un 42 e così via – la sequenza acquista più valore e viene mantenuta. Continuiamo a introdurre mutazioni casuali nella stringa di numeri. Alla fine risulterà una sequenza perfettamente ordinata di numeri progressivi. Siamo partiti dal puro caos, abbiamo introdotto una banale regola selettiva ed ecco emergere un ordine, una struttura, un senso. Quindi l'obiezione di Salisbury è respinta: l'evoluzione non è un uragano che soffia su un ammasso di rottami e non è neppure un branco di scimmie alla tastiera.

Per milioni di anni, la storia naturale ha esplorato il possibile, tracciando sentieri dentro la biblioteca delle proteine. Così sono state selezionate meravigliose molecole, capaci di autentici miracoli come la fotosintesi: un prodigio biochimico così complesso che ancora non riusciamo a riprodurlo in laboratorio. Siamo circondati da proteine formidabili e da quelle bisogna partire. In altre parole, abbiamo un ancoraggio di partenza. Non è come aggirarsi nella biblioteca randomica di Borges. E noi vediamo peraltro solo le forme che esistono adesso; chissà quante altre si sono evolute e per qualche ragione accidentale non ci sono più.

Quelle due differenze sono crepe nel pessimismo di Borges. Serve una strategia per aggirare la disperazione del bibliotecario di Babele ed è quella suggerita da Maynard Smith, il cui breve e folgorante testo si concludeva con altre due domande, le più importanti per Frances. Quale porzione della rete di proteine funzionali è già stata esplorata finora dall'evoluzione e quale no? Quale frazione di proteine potenzialmente utili non è accessibile?

Frances Arnold fa una scommessa con sé stessa e risponde così: 1) molte proteine-libri bellissime sono state scoperte e incorporate nel mondo vivente dall'evoluzione, e le conosciamo; 2) molte altre, più delle prime, sono state messe alla prova, sono esistite per un po' e sono state dimenticate (a causa delle molteplici ragioni di estinzione, spesso contingenti); 3) molte altre ancora, persino più numerose – e qui sta il punto – sono però quelle che non sono state mai nemmeno provate finora, perché non c'è stato abbastanza tempo o per effetti casuali. Tre miliardi e mezzo di anni di evoluzione sono tanti, ma lo spazio del possibile è vastissimo.

Se il terzo punto è corretto, sorprendentemente si potrebbe persino ipotizzare che l'evoluzione abbia esplorato finora solo una piccola frazione del vastissimo spazio di tutte le proteine possibili. Sarà vero?

3

Naufragare nella biblioteca di Mendel

> [...] la Biblioteca è totale e i suoi scaffali registrano tutte le possibili combinazioni dei venticinque simboli ortografici (numero, anche se vastissimo, non infinito) cioè tutto ciò ch'è dato di esprimere, in tutte le lingue. Tutto: la storia minuziosa dell'avvenire, le autobiografie degli arcangeli, il catalogo fedele della Biblioteca, migliaia e migliaia di cataloghi falsi, la dimostrazione della falsità di questi cataloghi, la dimostrazione della falsità del catalogo autentico.
>
> JORGE LUIS BORGES, *La biblioteca di Babele*

Frances Arnold nel frattempo è tornata dai suoi viaggi sudamericani in cerca di fonti d'energia alternative. Lavora al Solar Energy Research Institute di Golden, oggi ribattezzato National Renewable Energy Laboratory, in Colorado. Va in moto fuoristrada e lavora in un maneggio per non pagare l'affitto. Inizia l'era Reagan, le energie rinnovabili passano di moda. Alla fine del 1980, sale sul suo maggiolino Volkswagen rosso e va a Berkeley, University of California, dove nel gennaio successivo inizia il dottorato.

Deve cambiare ricerca: la indirizzano alle nascenti biotecnologie per assemblare proteine terapeutiche usando la tecnologia del "DNA ricombinante", che consiste nel generare sequenze nuove mettendo insieme materiale genetico di origini differenti. Per esempio, si prende un batterio e gli si inserisce dentro un gene che gli fa produrre insulina o altri ormoni. Frances lavora alla separazione, filtrazione e purificazione delle sostanze. Si appassiona sempre di più alla struttura instabile e riottosa delle proteine, che si "denaturano" facilmente, cioè cambiano la struttura e perdono la loro funzione. Si potranno mai addomesticare un giorno quelle creature?

La Natura non l'ha mai fatto!

Studia voracemente chimica organica, immunologia, enzimologia, matematica avanzata, ingegneria chimica. La sua passione diventano i catalizzatori, cioè quelle sostanze in grado di modificare la velocità delle reazioni chimiche, senza alterarle. Alcune proteine, gli enzimi, lo fanno da miliardi di anni. Allan Wilson, il grande biochimico neozelandese che mise a punto gli orologi molecolari per ricostruire l'albero di discendenza delle grandi scimmie e di altre specie, dimostrando che tutti gli esseri umani attuali discendono da un piccolo gruppo di pionieri africani, la introduce all'evoluzione molecolare delle sequenze proteiche.

Non le dispiace lavorare con le aziende, ma vuole essere indipendente e si applica per fare la carriera accademica. A ventinove anni lavora come ingegnera chimica alla University of Minnesota e prosegue le ricerche di post-dottorato in biochimica a Berkeley con Ignacio Tinoco. Impara i metodi di spettroscopia per caratterizzare le biomolecole, misurando l'intensità della luce a diverse lunghezze d'onda. Incontra Jay Bailey, geniale biotecnologo che la porta al Caltech (California Institute of Technology) di Pasadena e diventa suo marito nel 1987. Inizia a lavorare all'ingegnerizzazione di proteine tramite mutagenesi, cioè inducendo mutazioni genetiche (ricordate il gioco di parole del capitolo precedente?). Tutto era preistorico e molto più difficile in laboratorio a quel tempo, rispetto a oggi.

Il Caltech di Frances e Jay divenne ben presto un tempio della biologia sintetica. Attraeva i migliori studenti al mondo. Furono i primi a usare la biologia molecolare per le biotecnologie industriali, ma nessuno sapeva come ingegnerizzare da zero proteine utili. Il problema, infatti, era che non funzionavano in condizioni non naturali. L'ingegnere doveva quindi inventarsi meccanismi complessi e improbabili – come quelli raffigurati nei fumetti di Rube Goldberg (e poi sperimentati invano da Willy il Coyote per catturare l'insopportabile Beep Beep) – per purificarle, immagazzinarle e usarle per scopi anche banali. Un dispendio di risorse e di passaggi sproporzionato rispetto all'obiettivo da conseguire. La natura le sapeva fare molto meglio.

Frances ci ragiona su e capisce che non deve progettare il processo o l'applicazione attorno alla proteina, ma fare il contrario: ingegnerizzare la proteina per farla comportare in un certo modo in un processo o in una applicazione desiderata. Ma per ora è solo un'idea. Non solo, si mette in testa di voler mostrare che le proteine possono essere ingegnerizzate per proprietà utili ma inusuali, non naturali, per nuove applicazioni. Per esempio, le proteine potrebbero funzionare in solventi organici (quelli che si usano per il lavaggio a secco, per la rimozione delle colle e delle macchie, o per diluire detergenti e profumi), il che a quel tempo era ritenuto eretico. E qui viene il punto. L'argomento era: poiché la Natura (con la maiuscola) non l'ha mai fatto, allora non si può fare.

Appunto. Frances pensa controcorrente. È proprio perché la natura (con la minuscola) non l'ha mai fatto finora che possiamo provare a farlo in laboratorio, simulando ciò che la natura stessa fa da miliardi di anni. Si potrebbe provare a navigare nella biblioteca delle proteine, nella biblioteca di Maynard Smith. Anziché contrapporsi alla semplicità con cui la natura riesce ad assemblare proteine, bisogna imitarla, lasciarsi ispirare dall'evoluzione. Del resto, tutti gli altri approcci sino ad allora avevano fallito: perché non tentare?

Il "design razionale", cioè il tentativo di progettare una proteina da zero, partendo da una struttura già nota, non funzionava. Diminuiva o distruggeva la funzione di un enzima, assai difficilmente la migliorava. Il processo infatti era complicato:

bisognava avere la struttura cristallina completa dell'enzima, e ce n'erano poche; poi si doveva comprendere la struttura della proteina e la sua funzione così bene da identificare non solo i siti delle mutazioni utili e favorevoli, ma anche quali aminoacidi dovevano essere piazzati e dove; e così via. Impossibile. Venivano fuori macchine alla Rube Goldberg.

Altri, attorno a Frances, tentano vie alternative, più interessanti. Ingegnerizzano acidi nucleici, peptidi e proteine usando i fagi, cioè virus che infettano batteri, e altri metodi per fare grandi librerie di biomolecole, che poi filtrano in qualche modo per trovare le sequenze utili. Si usava già quel termine intuitivo: *librerie*. Librerie di virus, di anticorpi, poi di genomi. In pratica, biblioteche, con un loro catalogo. Frances Arnold ripensa a Borges, alla biblioteca di Maynard Smith. Apprezza la complessità delle proteine, l'esplosione combinatoria nelle possibilità di sequenze che deriva dal focalizzare siti multipli per le mutazioni, e la bassa frequenza di mutazioni vantaggiose che ci si deve attendere.

Deve affinare una tecnica. Adotta un metodo semplice e nuovo per introdurre mutazioni casuali in un gene specifico (la reazione a catena della polimerasi sotto condizioni favorevoli all'errore), realizza librerie di batteri che hanno geni mutati casualmente soltanto in uno o due siti e poi li filtra sulla base delle proprietà che mostrano. Usa l'errore come propellente del cambiamento, come fa la selezione naturale. In pratica, se la sequenza di una proteina è come un libro, Frances ci mette dentro uno o due refusi e il libro non è più lo stesso: il volume si è spostato e si troverà in un punto diverso della biblioteca. Poi prende i geni mutati connessi alle proteine migliori e ripete il processo di mutazione indotta, accumulando ulteriori benefici e facendo evolvere le proteine un passo per volta fino a che non si raggiungono gli obiettivi funzionali desiderati.

La biblioteca delle proteine differisce da quella di Babele – abbiamo detto – perché i libri non sono disposti del tutto a caso, ma sono limitrofi in modo inversamente proporzionale alle loro differenze. Pertanto se un libro-proteina si trova in un punto, le sue versioni mutate di un solo refuso saranno contigue. Dunque Frances Arnold, con la sua tecnica di indurre mutazioni e di selezionare i risultati, si sta spostando piano piano nella biblioteca, un passo per volta, leggendo nuovi libri-proteine.

E qui arriva la prima sorpresa rispetto alle conoscenze consolidate di quegli anni. Mutazioni vantaggiose e sorprendenti appaiono negli enzimi evoluti in laboratorio. Non sono così rare come si pensava e le si può accumulare per ulteriori miglioramenti. Avvengono soprattutto sulla superficie dell'enzima, dove i chimici di allora ritenevano che gli effetti mutazionali sarebbero stati per lo più neutrali, cioè indifferenti rispetto alla funzione, o negativi, cioè capaci di eliminare completamente la funzione della proteina, per ragioni non sempre chiare.

Inoltre, le mutazioni che attivavano nuove funzioni apparivano anche in regioni lontane dai siti già attivi dell'enzima, dove nessuno poteva spiegare i loro effetti, e ancor meno predirli a priori. Risultati controcorrente, difficili da comprendere, ma molto promettenti. Nel 1990 il metodo di Frances è pronto: ingegnerizzare enzimi utili usando non il design razionale, dall'alto, bensì simulando l'evoluzione come guida, dal basso. Nello stesso anno, nasce il suo primo figlio, James Howard Bailey: lei è una giovane madre senza ancora una posizione fissa in università, è piena di lavoro, ma sa cosa fare. La prima pubblicazione ufficiale del suo metodo è del 1993. Nella biblioteca di Maynard Smith stava entrando una nuova decifratrice ambulante.

Proteine, RNA, geni: la biblioteca di Mendel

In quegli anni, l'idea di Maynard Smith trovava i primi epigoni, forse inconsapevoli. Diversi gruppi di ricerca, in parallelo, annusavano la stessa intuizione. Sempre nel 1990, i biologi di Harvard Jack Szostak (che vincerà il premio Nobel nel 2009) e Andrew Ellington (ora in forze alla University of Texas di Austin) pubblicarono su *Nature* un articolo spartiacque nel quale mostrarono di aver creato una libreria di dieci trilioni di molecole casuali di RNA, dalla quale erano poi riusciti a estrarre un sottoinsieme di sequenze di RNA (10.000, cioè una su un miliardo) che si legavano con una piccola molecola organica scelta arbitrariamente (un colorante). Nel lavoro non citavano Maynard Smith, ma era nata la biblioteca dell'RNA, antesignana di un intero filone di studi chiamato "evoluzione in vitro" a cui hanno contribuito anche Gerald Joyce del Salk Institute for Biological Studies di La Jolla e David Bartel del MIT.

Con quel metodo si potevano scovare i farmaci del futuro e altre molecole utili: dentro una provetta si mette la gigantesca diversità delle combinazioni di RNA, generate a caso come in un gioco combinatorio, esattamente al modo della biblioteca di Borges; poi le si passa al vaglio e si cerca quella piccolissima frazione di esse che svolge una funzione desiderata, legandosi alla molecola usata come obiettivo. Tutte le altre sequenze vengono buttate via e le poche sopravvissute sono amplificate. Poi si fa un altro giro e si limita ulteriormente la selezione, aumentando sempre di più l'affinità, e così via.

Un'idea simile era venuta alla fine degli anni Settanta anche a George Oster e Alan Perelson. Costruirono un modello per comprendere le strategie ottimali del sistema immunitario: quanti anticorpi sono sufficienti per legarsi a gran parte degli antigeni potenziali? Immaginarono uno "spazio delle strutture" a più dimensioni (le tre dimensioni dello spazio, la carica elettrica, la solubilità e altre), cioè una scatola a n dimensioni con dentro tutti gli antigeni possibili. Poi calcolarono a quanti antigeni mediamente poteva legarsi un anticorpo nei tritoni come animali modello e di conseguenza quanti anticorpi erano mediamente necessari affinché il loro sistema immunitario potesse identificare una percentuale significativa di molecole estranee. Dove per "significativa" nell'evoluzione si intende: in grado di respingere un numero sufficiente di invasori e sopravvivere alle minacce dell'ambiente. Venne fuori che un essere umano ha bisogno di circa 100 milioni di differenti anticorpi. Tanti, ma non infiniti. Solo nell'ottobre del 2023 il gruppo del biologo israeliano Ron Milo è riuscito a pesare il sistema immunitario umano: 1,2 chilogrammi per 1,8 trilioni di cellule coinvolte.

Il "modello Borges" era nell'aria. Nel 1994 il fumantino filosofo della mente della Tufts University, in Massachusetts, Daniel C. Dennett, anch'egli ispirandosi alla biblioteca dello scrittore argentino, aveva escogitato una libreria immaginaria non meno disorientante di quella delle proteine e dell'RNA: essa raccoglierebbe le descrizioni di tutti i possibili genomi, cioè tutte le inimmaginabilmente numerose permutazioni delle basi nucleotidiche del DNA. La chiamò "biblioteca di Mendel" e Frances ne rimase affascinata. Rispetto a Maynard Smith (che Dennett non cita come sua fonte di ispirazione) è una mossa a ritroso nella biologia. Si va a monte fino alle sorgenti del codice genetico: anziché le sequenze di aminoacidi delle proteine, sintetizzate a partire dalle sequenze genetiche, anziché l'RNA mediatore del processo, prendiamo direttamente i genomi, anch'essi intesi come libri.

Alcuni anni prima, nel 1986, l'evoluzionista Richard Dawkins, in *L'orologiaio cieco*, aveva avuto un'idea simile e l'aveva battezzata "Paese dei Biomorfi", dal nome che lo zoologo Desmond Morris aveva coniato per le creature animalesche surrealiste che dipingeva. Si trattava di un elementare modello per computer che simulava efficacemente il funzionamento della selezione cumulativa di mutazioni casuali, ovvero dell'evoluzione darwiniana. Introducendo una modificazione genetica casuale a ogni generazione e fissando un qualsiasi criterio selettivo, nel labirinto dei biomorfi comparivano creature meravigliose e diversissime in alcune generazioni. Il filtro selettivo qui era dato dalle scelte umane di chi stava navigando nel modello, quindi tecnicamente è un esercizio di *selezione artificiale*. Si prendono alcuni figli di una certa generazione, in quanto portatori di variazioni predilette, e si fanno riprodurre solo loro. Proprio come fanno da millenni gli allevatori e i contadini, ma non con varietà di piante e razze di animali veri, bensì con combinazioni astratte di caratteri.

Ogni bestia potenziale equivale a un punto nello spazio matematico iperdimensionale del paesaggio, un punto definito dalle coordinate della sua sequenza genetica. Essa avrà un certo numero di vicini, che sono i biomorfi, che differiscono da lei di una sola mutazione. Quindi, come nel caso della biblioteca delle proteine (nemmeno Dawkins cita il maestro Maynard Smith), la disposizione dei biomorfi non è casuale. Ogni storia evolutiva corrisponde a una traiettoria, a un itinerario in questo spazio genetico vastissimo. Ogni mutazione casuale è un passo. L'etologo inglese ne trae la conclusione che l'evoluzione, quella vera, debba procedere sempre gradualmente, un passo alla volta, perché ogni salto più lungo porterebbe l'animale in zone pericolose del Paese dei Biomorfi. Ma si sbagliava, perché oggi sappiamo che gli animali cambiano in virtù sia dell'accumulo di piccole mutazioni puntiformi sia delle accelerazioni innescate da mutazioni di magnitudine maggiore.

Dawkins si accorse poi che vagando nel Paese dei Biomorfi, attraverso un paesaggio senza fine di strane creature e oggetti esotici, non riusciva mai a ripetere due volte lo stesso percorso e a ottenere animali identici. Anche se il criterio selettivo era il medesimo, le mutazioni casuali potenziali erano così tante e il numero dei possibili biomorfi talmente astronomico che ogni percorso evolutivo lungo a sufficienza portava a un risultato divergente. Per le stesse ragioni, lo spazio di tutte le traiettorie possibili è così smisurato che la probabilità che una di esse si ripeta esattamente due volte è pressoché nulla. Tuttavia, dovevano esistere in quel paesaggio alcune alture, o "picchi adattativi", dove gli animali avevano maggiori probabilità di sopravvivenza. Una volta raggiunte, se le accaparravano e se le tenevano ben strette.

La natura informe e caotica di quasi tutti i libri

Sul piano strettamente combinatorio, la biblioteca di Mendel proposta da Dennett, in versione scritta, è un sottoinsieme di quella di Borges. Le basi nucleotidiche sono come quattro lettere (A di adenina, G di guanina, C di citosina e T di timina) che vanno a comporre lunghissime sequenze. Lo stesso vale per l'RNA, ma con una U (uracile) al posto della T. Tutte le permutazioni di quattro lettere che occupano 410 pagine sono già contenute nella biblioteca di Borges. Per il resto, la biblioteca di Mendel e quella borgesiana funzionano nello stesso modo: è quasi tutto rumore casuale e sequenze ripetute – "natura informe e caotica di quasi tutti i libri" (p. 682), scrive Borges – ma ogni tanto compare una frase plausibile, con un inizio e una fine, oppure un intero paragrafo, che galleggia in mezzo al disordine, proprio come quel libro che "è un mero labirinto di lettere, ma l'ultima pagina dice: 'Oh tempo le tue piramidi'" (*ibidem*).

Quelle frasi sensate, quelle "righe ragionevoli" sono i geni, che poi dialogano tra loro attraverso altre sequenze, regolatrici, generando una giungla intricatissima di connessioni. Ogni genoma è un magazzino preziosissimo di informazioni, in gran parte sconosciute, che emergono da "leghe di insensate cacofonie, di farragini verbali e di incoerenze" (p. 682), per dirla ancora con Borges. Quel che importa per la nostra storia, però, è che il DNA a tutti gli effetti è un linguaggio: ha un alfabeto di quattro lettere, una grammatica, un lessico e una semantica. Quindi la biblioteca di Mendel, in quanto sottoinsieme di quella di Borges, ne rispetta le regole. Dentro la biblioteca di Mendel ci sono i libri (a base di DNA) per far nascere le creature più meravigliose. Alcune sono realmente esistite in passato e ora sono estinte, altre (pochissime) sono quelle che vivono oggi, e moltissime altre ancora sono quelle che avrebbero potuto esistere ma non sono mai comparse nell'evoluzione.

I libri scritti nel linguaggio del DNA devono essere letti (cioè trascritti in RNA) e tradotti in un codice che permetta di comporre aminoacidi e sintetizzare proteine. Anche nella biblioteca di Mendel si aggirano dunque "bibliotecari", a base di RNA e aminoacidi, che aprono i libri, li trascrivono e li assemblano in proteine. Questa è la connessione biologica reale tra la biblioteca di Mendel e la biblioteca delle proteine di Maynard Smith. Fatto sta che la stragrande maggioranza delle sequenze di DNA sono illeggibili, sono rumore che non sintetizza un bel niente e quindi non ha significato.

Siamo alle solite. Del resto, anche dentro il libro del DNA umano solo una piccola percentuale della sequenza è costituita da geni che sintetizzano proteine. Il resto sono geni regolatori, sequenze con funzione ignota, doppioni, geni disattivati, rimasugli di vecchie storie, geni inseriti da retrovirus, spazzatura. Beccare un paragrafo dotato di senso viaggiando dentro il genoma umano è un'impresa certosina. La biblioteca di Mendel è per certi aspetti un'anticipazione dell'idea di pangenoma: individuare e mettere in una libreria tutti i geni di tutti gli esemplari di una specie (umani compresi, il pangenoma umano) o di tutte le specie appartenenti a un certo gruppo. Ma queste biblioteche reali di geni, numericamente, sono ben poca cosa rispetto all'esorbitante spazio genetico di possibilità immaginato da Dennett.

Se ora colleghiamo quei genomi ai loro eventuali possessori, i comparti della biblioteca di Mendel rivelano tutto il loro splendore: c'è la galleria esagonale di tutte le conchiglie possibili; la galleria di tutti i volatori possibili; la galleria dei nani e la galleria dei giganti; e così via. C'è forse anche una sala di tutte le creature che non sono mai esistite, ma che sono venute in sogno almeno una volta a qualcuno, direbbe Borges. Comunque sia, la grande maggioranza della biblioteca di Mendel è fatta di libri-genomi che nessuno ha mai letto né leggerà, perché darebbero origine a creature impossibili, informi, assurde. O non darebbero origine proprio a nulla, perché il processo di sviluppo nemmeno comincerebbe. Insomma, nell'universo del possibile, ci sono molti più modi per essere morti, o non-vivi, che per essere vivi. E questo dovrebbe farci sempre apprezzare la sfacciata fortuna di essere qui.

Facsimili imperfetti

Abbiamo detto che la biblioteca di Mendel e la biblioteca delle molecole di RNA sono sottoinsiemi di quella di Borges perché il loro alfabeto è di sole quattro lettere, anziché venticinque, ma non si pensi che siano meno gigantesche, giacché il genoma di un organismo complesso è composto da sequenze di miliardi di "lettere" (le basi nucleotidiche). Siamo molto oltre le 1.312.000 lettere contenute in ciascun libro della biblioteca di Borges. Quello umano ne conta più di tre miliardi, ovvero l'equivalente di più di 4500 libri di Borges, e Dennett lo sceglie arbitrariamente come lunghezza di riferimento dei suoi genomi (anche se oggi sappiamo che molte specie hanno più DNA di noi, dalle cipolle ai pesci polmonati). La biblioteca di Mendel diventa quindi l'insieme di tutte le possibili stringhe di DNA, con quattro lettere, contenute in circa 4500 volumi di Borges. In sintesi, tutti i genomi possibili.

Se immaginiamo adesso le sequenze che si possono ottenere mescolando a caso i tre miliardi di lettere del DNA umano, ne deriva un numero iperastronomico di esseri umani possibili, molti di più di quelli esistiti finora, che secondo i genetisti dovrebbero essere circa 107 miliardi, noi viventi compresi. *Homo sapiens* è infatti una specie molto giovane, nata in Africa fra 300 e 200 millenni fa, e si sono succedute finora meno di 12.000 generazioni umane. La densità della popolazione umana in passato era molto più bassa e sommando tutte le generazioni viene fuori quel numero, 107 miliardi, che è grande ma neanche poi tanto.

Questa forte sproporzione tra l'insieme del possibile e l'insieme del reale lascerebbe supporre che il fatto di aver percorso solo alcuni sentieri dell'evoluzione e non altri, solo alcune esistenze e non altre, sia stato in buona sostanza arbitrario. Dennett invece, sorprendentemente, e non sempre con argomenti irresistibili, rovescia l'interpretazione e pensa che le esplorazioni evolutive sin qui condotte nella biblioteca di Mendel siano state ottimali. Dennett estremizza (come era suo solito, del resto) l'idea di Maynard Smith secondo cui l'evoluzione si muove a tentoni, filtrando mutazione su mutazione, un passo per volta, all'interno di una rete di sequenze dotate di senso.

In Dennett il meccanismo selettivo diventa addirittura un "algoritmo di ricerca e sviluppo", che macina alternative, progetta adattamenti e sceglie sempre il prodotto più razionale per la bisogna (magari!). Gli organismi devono affrontare problemi adattativi e la selezione naturale cerca le soluzioni più vantaggiose, attraverso un processo di ottimizzazione ingegneristica di costi e benefici che porta sempre ai risultati migliori possibili. L'evoluzione è *problem solving*. Ebbene, oggi sappiamo che non è così. Questa concezione ottimistica ha poco a che vedere con la realtà artigianale e imperfetta dei processi evolutivi, spesso più simili al bricolage fortunoso che alla progettazione razionale. Ma non è importante per la nostra storia, qui, seguire le esagerazioni metaforiche di Dennett.

Ciò che conta è che Dennett, con il libro *L'idea pericolosa di Darwin* del 1995, fornì a Frances Arnold (lo dirà lei stessa, molti anni dopo) la cornice concettuale per dare potere evolutivo a entità che vanno al di là delle specie e degli organismi, e che possono includere geni, proteine, programmi informatici, idee. Frances collega quanto aveva letto nell'articolo di Maynard Smith e lo estende, seguendo la metafora ingegneristica di Dennett. Camminando come il bibliotecario di Borges, esplora dunque l'insieme degli stati potenziali di una classe di enzimi che distano un solo passo da ciò che di volta in volta è reale.

La scienza è calcolo rigoroso, è sperimentazione meticolosa, è sudore, pazienza, delusioni, fiammate di entusiasmo, errori e costruzioni di ipotesi, ma nei suoi momenti creativi e nelle fasi aurorali di una teoria può farsi influenzare da qualsiasi altra sorgente serendipitosa di sapere. Anche dalla letteratura. Frances Arnold, leggendo a Madrid il realismo magico del poeta argentino, ha avuto un'idea: viaggiare nella grande biblioteca delle proteine, proprio come fa l'evoluzione.

Anche lei, come a suo tempo Darwin, si lascia ispirare dal modello della selezione artificiale: scegliere gli incroci giusti per fare emergere caratteristiche desiderate, in piante e animali. Solo che con la domesticazione ci vogliono generazioni di tentativi ed errori, con le proteine si fa prima. Parte da sequenze note di enzimi, le proteine che catalizzano reazioni chimiche (i suoi amati catalizzatori!), e introduce una mutazione nei geni che le codificano. Così esplora l'insieme degli enzimi potenziali che differiscono per una sola mutazione rispetto all'originale, proprio come nella biblioteca di Babele di Borges ci sono "i facsimili imperfetti, cioè opere che non differiscono che per una lettera o per una virgola dall'originale" (p. 686).

Un'altra intuizione geniale di Borges. *Moby Dick* di Herman Melville ovviamente è presente nella biblioteca di Babele, in un punto preciso, come ogni altro libro possibile, con una probabilità iperastronomicamente bassa di essere trovato, ma insieme a una miriade di versioni di *Moby Dick* (più di 1.300.000, il numero delle lettere che compongono realmente questo capolavoro; un numero vicino ai 1.312.000 caratteri dei libri della biblioteca di Borges) che differiscono per un unico errore tipografico, cioè per un'unica mutazione, dall'originale. Poi ci saranno le versioni che differiscono per due caratteri, per tre, quattro, e così via, e qui subito torniamo nel reame dell'iperastronomico combinatorio. Fermiamoci quindi all'intorno delle versioni che differiscono per una sola lettera da *Moby Dick*.

Per una virgola

Proprio come nel caso delle proteine, gran parte di queste mutazioni non avranno alcun effetto sostanziale sul romanzo di Melville. Saranno quelli che in tipografia si chiamano refusi. Scappano sempre. Qualche correttore di bozze dice che spuntano per generazione spontanea all'interno del testo, nottetempo, fra una revisione e l'altra. Potrebbe esserne rimasto qualcuno anche all'interno del libro che state leggendo, il quale non sarà quindi del tutto fedele all'originale che l'autore aveva intenzione di scrivere! E che si troverà invece nello spazio adiacente.

Altri spostamenti erratici nella biblioteca di Mendel sono dovuti alla deriva genetica, di cui parlava anche Maynard Smith, cioè campionamenti casuali di variazione genetica. Possiamo immaginarli come movimenti laterali, a zig zag, senza direzione, non funzionali. Altre mutazioni tipografiche casuali, cadute qua e là, potrebbero avere invece effetti consistenti. Dennett nel suo libro fa l'esempio di come una sola virgola potrebbe cambiare tutto già nelle prime parole di esordio di *Moby Dick*: se anziché "*Call me Ishmael*" fosse "*Call me, Ishmael*". Cambia il soggetto, cambia la frase, cambia la storia, cambia tutto. Per una sola virgola. Il linguaggio umano è meraviglioso per questo.

Fuor di metafora, in biologia quest'ultima è una variazione "sistemica", nel senso che pur essendo puntiforme genera una cascata di effetti che si estendono a tutto l'organismo, al testo, alla sequenza. Alcune mutazioni, pur essendo piccole, modificano in modo consistente il fenotipo di un organismo, cioè le sue effettive caratteristiche esteriori. Qualcosa di analogo succede nelle mutazioni genetiche *frameshift*, cioè inserzioni o delezioni di una sola base del DNA, una sola "lettera", che però fanno slittare di un posto l'ordine di lettura della sequenza di triplette (ognuna delle quali, formata da tre nucleotidi, codifica un aminoacido) e stravolgono ogni cosa. L'ampiezza degli effetti di un errore dipende infatti dalla sua posizione nella sequenza.

Un'implicazione di tutto ciò è che la biblioteca, in fondo, ha sempre bisogno di almeno un lettore, altrimenti non sarebbe tale. Per quanto smarrito e disperato, il bibliotecario è essenziale. Qualcuno avrebbe dovuto dirglielo. Ma quanto è arbitraria la lettura? Nella biblioteca linguistica di Borges lo è molto, perché la magia del linguaggio umano è comporre lettere, fonemi e sillabe per formare parole e frasi alle quali sono associati convenzionalmente significati e referenti nella realtà, sulla base di un accordo intersoggettivo nella comunità dei parlanti. "Mela" è un suono che associamo al frutto mela, ma potrebbe essere "*apple*" e va bene lo stesso, basta mettersi d'accordo. Quindi il fatto che gran parte della biblioteca di Babele sia una cacofonia senza senso dipende dalle scelte arbitrarie con le quali in ciascuna cultura assegniamo un significato, un referente, a una parola.

Cosa succede invece nel caso di DNA, RNA e proteine? Sembra esserci un ordine di lettura predefinito e oggettivo. Un gene con una certa sequenza codifica per certe proteine, addirittura le stesse tra specie anche molto diverse fra loro. Se la sequenza cambia, non le codifica più o ne codifica altre. Tuttavia, questa apparente rigidità dipende solo dalla nostra prospettiva, che è concentrata sul presente e sui meccanismi che causano adesso il processo di trascrizione e codifica di quelle sequenze. Se osserviamo il fenomeno da un punto di vista evolutivo, quindi valutando non le sue cause prossime ma quelle remote, cambia tutto e ci accorgiamo che c'è sempre stato un forte elemento di arbitrarietà e contingenza nel fatto che proprio quella sequenza codifichi per quella proteina. Le cose potevano andare diversamente e avrebbero funzionato comunque. Una proteina essenziale per lo sviluppo della placenta nei mammiferi (la sincitina) è sintetizzata da un gene di origine retrovirale, che si è infilato come un clandestino nel genoma dei nostri antenati pelosi molto tempo fa. Chi l'avrebbe mai detto.

Una differenza essenziale, abbiamo visto, tra la biblioteca di Borges e quella di Maynard Smith è che la seconda ha introdotto una semplificazione, immaginando che le versioni differenti per una sola variazione siano vicine, idealmente contigue, all'originale. E non sparse a caso nello spazio iperastronomico come in Borges. Sarebbe come se in quella di Babele i libri fossero sistemati in ordine alfabetico in un iperspazio multidimensionale. Una volta compreso l'ordine, sarebbe un po' più facile muoversi, certo, ma lo spazio sarebbe comunque tanto enorme da rendere ogni ricerca disperatamente lunga. Si potrebbe persino trovare, in teoria, il percorso più breve tra *Moby Dick* e *Guerra e pace*, cambiando una sola lettera per volta, ma sarebbe un'impresa improba che occuperebbe quasi tutto il tempo dell'universo.

Il possibile adiacente

Senza una mappa, ogni percorso diventa un viaggio in un'eterna periferia. Eppure, uno spiraglio esiste, ed è quello intravisto appunto da Maynard Smith. L'iperspazio delle proteine, e ora del DNA, è una mera astrazione. Non riusciamo a immaginarlo, è inarrivabile con le sue dimensioni a milioni, tuttavia possiamo maneggiarlo matematicamente. Ha posizioni, percorsi, traiettorie, direzioni, volumi interni, distanze. La scommessa quindi diventa: se davvero la biblioteca delle proteine e quella del DNA hanno una struttura interna, al contrario di quella di Borges, allora sono navigabili. Come tali, benché enormi, sono universi nei quali ci si può orientare, e la selezione naturale del resto lo fa da tre miliardi e mezzo di anni. Per rispondere alla scommessa c'è un solo modo: confrontare il modello, l'astrazione, l'immaginazione, con la realtà evolutiva là fuori e vedere cosa succede. Maynard Smith nel 1970 non aveva gli strumenti per farlo.

Quasi quarant'anni fa, un geniale e visionario biologo teorico, Stuart Kauffman, coniò un'espressione bellissima: il *possibile adiacente*, cioè l'insieme delle forme e delle combinazioni che ancora non esistono, ma a cui si accede attraverso un singolo cambiamento evolutivo sulle forme esistenti. Anche Kauffman era innamorato dell'idea di un enorme "spazio delle forme" che contenesse tutto il possibile, da confrontare poi con il reale. Nei primi anni Novanta del secolo scorso aveva immaginato anche lui uno "spazio di azione catalitica" che includesse tutti gli enzimi potenziali, sognando una cassetta universale di enzimi in grado di promuovere qualsiasi reazione chimica. Un'immensa biblioteca da esplorare attraverso una "chimica casuale".

Il possibile adiacente descrive l'insieme degli stati potenziali di una biosfera che distano un solo passo da ciò che di volta in volta è reale. Come tale, illustra la produzione incessante di nuove diversità di cui solo la vita è capace. L'innovazione infatti non nasce soltanto dall'affinamento selettivo di strutture inedite, ma anche e soprattutto dal riutilizzo creativo di strutture già esistenti, con o senza funzione, come effetti collaterali che vanno un passo oltre dentro il possibile. Il possibile adiacente è il "bricolage evolutivo" di cui scriveva il premio Nobel per la medicina del 1965 François Jacob, ovvero il fatto che a ogni momento della storia evolutiva le strutture esistenti, nate in connessione a una funzione, contengono un potenziale di riuso, nel possibile adiacente, e di cooptazione funzionale. L'esistente, insomma, è un accidente congelato, non è il fine del processo, ed è un punto di potenziale propagazione di effetti non intenzionali dentro la biblioteca della vita.

La funzione di una parte di un organismo è un sottoinsieme delle sue potenzialità, delle sue conseguenze, dei suoi effetti eventuali. Siamo grumi di possibilità. Lo abbiamo visto confermato in studi recenti in cui si scopre che geni del tutto nuovi, importanti per esempio per lo sviluppo del cervello umano, sono emersi nell'evoluzione funzionalizzando e riutilizzando sequenze che prima non codificavano per alcuna proteina. Li hanno chiamati "geni dalla spazzatura". L'evoluzione è un'incessante esplorazione del possibile adiacente. Forse anche il nostro pensiero creativo lo è, sempre proteso verso il tuffo successivo nell'ignoto.

Le connessioni biografiche sanno essere bizzarre. Sarà proprio in un seminario organizzato da Stuart Kauffman nel 1995 al Santa Fe Institute – tempio delle ibridazioni interdisciplinari in New Mexico (frequentato anche dallo scrittore Cormac McCarthy) – che Frances Arnold incontrerà un altro biologo visionario, l'olandese Pim Stemmer, teorico della sessualità come strategia di ricombinazione per fare evolvere le proteine, e con lui progetterà la sua prima start-up. Coltivare molecole e mescolare

il DNA, selezionando gli incroci. In pratica, indurre le proteine a fare sesso. Frances continua ad accarezzare eccentriche visioni.

Tempo dopo, un professore di computer science dell'Università di Copenaghen, Thore Husfeldt, immaginò la "biblioteca di Turing", cioè l'insieme strabiliante di tutti i programmi di computer (descrivibili convenzionalmente come sequenze lunghe 10 alla 20 caratteri, a partire da un alfabeto di 128 caratteri) scritti in un certo linguaggio di programmazione (Lisp). Anche Dennett aveva immaginato la "biblioteca di Toshiba", contenente tutti i possibili algoritmi elaborabili dal suo computer. Del resto, per lui anche gli organismi sono algoritmi di sopravvivenza.

Da un certo punto di vista, i bibliotecari stremati e i decifratori ambulanti immaginati da Borges sono come macchine di Turing che cercano di elaborare stringhe di simboli, ma la storia non cambia. Gran parte dei programmi di queste biblioteche informatiche non girano e sono spazzatura. Alcuni, una minoranza evanescente, fanno cose interessanti. Qui la domanda inquietante diventa un'altra: nell'immenso spazio delle possibilità della biblioteca di Turing esisterà da qualche parte un programma superintelligente in grado di travalicare ed esautorare l'intelligenza naturale umana? E se sì, lo troveremo in tempi non geologici?

Speriamo di non incontrarlo mai. Un mostro si aggira nella biblioteca di Turing. E in quella degli animali?

4

Tutti gli animali del mondo

> L'agnello vegetale di Tartaria, detto anche *borametz* o *polypodium borametz* o polipodio cinese, è una pianta a forma di agnello, coperta di lanugine dorata. Si erge su quattro o cinque radici; intorno le piante muoiono, ma lei si mantiene rigogliosa; quando viene tagliata, versa un succo sanguigno. I lupi la divorano con piacere.
>
> JORGE LUIS BORGES, *Il libro degli esseri immaginari*

Finora abbiamo trattato di proteine, RNA e genomi, cioè della vita e delle sue strategie racchiuse dentro le reti microscopiche di ogni singola cellula. Per ciascuno di questi livelli invisibili abbiamo immaginato librerie sterminate di possibilità, per accorgerci che la realtà sembra essere una minuscola porzione marginale dello spazio combinatorio potenziale. Ma cosa succede se allarghiamo lo sguardo e abbracciamo ora la vita a livello di organismi interi, di specie e di grandi raggruppamenti tassonomici? Alcuni anni fa un gruppo di zoologi e paleontologi della University of West Georgia, del Dartmouth College di Hanover in New Hampshire, della University of Bristol e di quella di Bath, guidato da Philip Donoghue a Bristol, pubblicarono su *Proceedings of the National Academy of Sciences* (PNAS) un'idea visionaria e alquanto borgesiana.

Immaginarono uno spazio multidimensionale immenso nel quale inserire centinaia di caratteri tipici dei piani corporei di tutti gli animali. Il gioco è sempre lo stesso. Ogni carattere è una dimensione e ogni punto dentro questo spazio gigantesco è una possibile combinazione di caratteri, cioè un animale potenziale. Si tratta quindi del vastissimo spazio delle forme possibili: un "morfospazio" globale, lo spazio matematico delle forme corporee che rappresenta la disparità nei metazoi (ovvero, tutti gli organismi pluricellulari eucarioti compresi nel regno animale) attuali e passati. Insomma, un'altra biblioteca di Babele, solo che questa volta sugli scaffali non ci sono libri, né sequenze di geni o di aminoacidi, ma creature tutte intere, reali e potenziali, con le loro stranezze e unicità.

I molti modi di essere qualsiasi cosa

Anche l'idea del morfospazio – di uno spazio di tutte le forme biologiche macroscopiche possibili – riecheggia un antico immaginario, letterario e filosofico, che va dagli animali classificati dagli aristotelici alla *Naturalis historia* di Plinio il Vecchio. Ogni cultura ha i suoi bestiari favolistici e noi abbiamo quelli dei codici medievali, compendi di raffinata e meravigliosa zoologia real-fantastica, un po' veri e un po' no, verosimili, plausibili, ingannevoli. Sempiterno è anche il fascino mitologico per la plasticità delle forme biologiche: sirene, sfingi, chimere (ibridi di leone, capra e serpente), grifoni (metà aquila e metà leone), ippogrifi (grifoni e cavalli), draghi, centauri (mitizzazione dei nomadi sempre fusi assieme al loro cavallo), leviatani, lupi mannari, arpie, satiri, unicorni, il Minotauro, la leucrocota (un puzzle etiopico di cervo, leone, tasso, gnu e iena), la manticora (uomo, leone e scorpione), l'inammissibile mirmicoleone, la fenice, uccello immortale e periodico. Si noti che anche la creatività della fantascienza non va quasi mai oltre le combinazioni di diversi organismi terrestri già esistenti. Dalla realtà bisogna pur sempre partire. Eppure, gli esseri viventi non sono insiemi di parti che si possano assemblare, mescolare e riordinare a piacimento. O forse sì?

Jorge Luis Borges finse di non saperlo quando, nel 1967, con l'aiuto di Margarita Guerrero, pubblicò la versione definitiva del suo manuale di "zoologia fantastica", al quale stava lavorando almeno dal 1952: *Il libro degli esseri immaginari* e delle molte stranezze che la fantasia umana ha generato e sognato in tutte le sue culture. I suoi mostri preferiti sono spesso il frutto di sconfinamenti di regni, come il borametz o agnello vegetale di Tartaria citato all'inizio del capitolo. Altre volte, sono caricature dell'esistente, come il mesto catoblepa di Plinio, con la sua testa pesante sempre reclinata verso il basso, parodia forse dello gnu. Altri ancora sono esagerati, paradossali, residui di cosmogonie improbabili, creature dispettose come i gatti sorridenti del Cheshire e lo *hidebehind*, della fauna degli Stati Uniti, che "sta sempre dietro qualcosa. Per quanto uno si giri, se lo ritrova immancabilmente alle spalle; per questo nessuno l'ha visto, anche se ha ucciso e divorato molti taglialegna" (p. 96).

Un'operazione simile fu tentata negli anni Ottanta del secolo scorso dal fotografo catalano Joan Fontcuberta, quando insieme allo scrittore Pere Formiguera si inventò la scoperta in Scozia di un archivio misterioso, appartenuto a un fantomatico zoologo tedesco, pieno di mostri e di ibridi assurdi. Ne nacque una deliziosa "fauna segreta", al confine tra illusione e realtà, abitata da felini alati, serpenti con le zampe, anatre arboricole, roditori con code rettiliane, centauri neandertaliani, scimmie volanti, elefanti che diventano luminescenti quando si arrabbiano. In questa ironica "nuova zoologia" il mostro non è un fallimento, ma al contrario la falla nelle leggi della natura che, allontanandosi dai modelli dominanti e prevedibili, ci svela come funziona l'evoluzione per differenza, scarto, eccentricità.

Il ruolo euristico della teratologia era stato intuito del resto già nel Cinquecento dal naturalista bolognese Ulisse Aldrovandi, autore di una splendida *Monstrorum historia*, anch'essa abitata da creature sia mitologiche sia reali, celesti e terrene. Fontcuberta non fa altro che aggiornarla cinque secoli dopo. I prodigi, scriveva Aldrovandi, occasionalmente vengono a esistenza, non sono sogni arbitrari né avvertimenti di un potere divino: obbediscono a una loro logica deviante, che esorbita dalle leggi naturali e porta novità. Sono sbagli di natura, non coerenti con le loro cause, certo, ma degni di meraviglia. Insomma, errori generativi e gravidi di conoscenze.

Il sottoinsieme reale, non fantastico, del morfospazio animalesco è una porzione minuscola del possibile, d'accordo, eppure già la strabordante diversità degli animali in carne e ossa non ha nulla da invidiare alle spiazzanti eccentricità di Borges e Fontcuberta. Tanto è vero che i naturalisti continuano a scoprire specie nuove, anche macroscopiche, non solo funghi e batteri. I mostri e gli alieni esistono già, là fuori. La biodiversità oggi conta poco più di due milioni di specie ufficiali sulla Terra, ma c'è chi pensa che ne esistano almeno il quadruplo, nascoste tra abissi oceanici, foreste intricate ed ecosistemi insospettati come il nostro intestino. Fa tristezza pensare che conosciamo così poco di questa porzione infinitesima del possibile, la quale a sua volta è meno dell'1% di tutta la biodiversità reale comparsa sul pianeta, e che ciò nonostante la stiamo estinguendo a ritmi mai visti. Sterminiamo quel che ancora non conosciamo. Bruciamo i libri della biblioteca senza nemmeno averli letti.

Ci sono quindi gli animali verosimili dei bestiari prescientifici e gli animali a malapena immaginabili che esistono davvero, anche se non si direbbe, acquattati negli anfratti più sconosciuti dell'albero della vita, bestie che sfidano qualsiasi tenace residuo di antropocentrismo. Sono modi alternativi di stare al mondo e di adattarsi a esso modificandolo. Non sono ipotesi di criptozoologia, ma esseri veri, alieni intraterrestri, alcuni estinti, i più ancora esistenti. Anzi, sono modi alternativi di percepire il mondo, quindi a tutti gli effetti ciascuno è un mondo a sé stante.

Prima di lanciarci nell'iperastronomico possibile, rendiamo dunque omaggio all'enormità del reale che non vediamo. Al mondo non ci sono soltanto le specie carismatiche delle savane e delle giungle, ma anche cnidari, ctenofori, foraminiferi, tardigradi, poriferi, platelminti e altri innumerevoli modi di esser vivi. In caso di indicibili catastrofi ecologiche, peraltro, molti di questi esseri sopravvivrebbero imperterriti, mentre su di noi mammiferi bipedi e presuntuosi c'è poco da scommettere. Che cosa si prova per esempio a essere un axolotl, una salamandra messicana che conserva per tutta la vita i tratti larvali e sa rigenerare i suoi arti?

Nei territori dell'*hic sunt leones* dell'evoluzione, si trova davvero di tutto. Non piacerebbe forse a Borges la femmina del polpo *Tremoctopus* che pesa quarantamila volte più del maschio? Che direbbe dei quattro occhi anteriori e i quattro posteriori del ragno saltatore, delle improvvisazioni geometriche delle centomila specie di diatomee, dei peluzzi sul carapace del granchio yeti, del pene serpentiforme dei cirripedi? Nella periferia della realtà che ci è data, non v'è dubbio che tutte queste siano soluzioni estremamente efficaci per vivere, riprodursi e assaporare lo scorcio di esistenza che è dato a ogni essere vivente. Dentro il morfospazio, dentro la biblioteca degli animali reali e possibili, ogni specie discende da catene di mutazioni, di contingenze ambientali, di errori, di ingegnosi riusi dell'esistente, di estinzioni di massa, di specializzazioni ed eccedenze. Ognuna è l'eccezione che conferma qualche regola.

Ognuna insegna qualcosa, a saperle guardare. Insegna anche agli ingegneri e ai tecnologi. L'antichissima spugna barile (che può vivere fino a duemila anni) racconta l'evoluzione iniziale degli esseri pluricellulari. Il gambero mantide, le cui appendici predatorie scattano con una velocità e una violenza inaudite per stordire in un attimo le prede, illustra la più straordinaria evoluzione degli occhi, con dodici tipi diversi di recettori dei colori (i nostri occhi al confronto sono l'opera di un dilettante allo sbaraglio). L'iridogorgia (una gorgonacea, colonia di minuscoli polipi, imparentata con meduse e madrepore) svela i segreti delle strutture geometriche nel mondo vivente.

Pensate ai polpi. Le cronache di laboratorio sono piene di aneddoti sulla leggendaria scaltrezza di questi molluschi senzienti: fughe di soppiatto nei tombini, sabotaggi degli acquari, spegnimento delle luci con getti d'acqua. Qualcuno scommette che riconoscano gli esseri umani. Hanno tre cuori che pompano sangue contenente rame anziché ferro e vantano mezzo miliardo di neuroni, quanti quelli di un piccolo mammifero, ma distribuiti su tutto il corpo. Giocano con gli oggetti e risolvono problemi. Il loro sistema nervoso da invertebrati ha un'architettura completamente diversa dalla nostra: un cervello centrale dialoga con i gangli distribuiti sulle otto braccia. Nel corso dell'evoluzione persero la conchiglia, puntando tutto su un corpo talmente proteiforme che passa per i buchi delle serrature e si infila nelle bottiglie. Un corpo che è possibilità trasformistica allo stato puro e ospita una mente da mollusco: insomma, quanto di più vicino a un'intelligenza aliena vi sia in natura, considerando che l'antenato comune tra loro e noi era una creatura vermiforme vissuta 600 milioni di anni fa. I cefalopodi, nel morfospazio, sono un'isola di complessità mentale evolutasi in modo parallelo alla nostra. La loro intelligenza è pressoché incommensurabile alla nostra di *Homo sapiens*, centralizzati come siamo dentro un cervello che ciondola sopra un fragilissimo collo.

Ci sono molti modi di essere qualsiasi cosa, là fuori in natura. Adesso, matematica alla mano, Donoghue e colleghi per la prima volta hanno disegnato la geografia del possibile in zoologia.

La più grande mappa della vita animale

I piani corporei di tutti questi animali, o *body plans*, sono insiemi di caratteristiche strutturali di base (simmetrie del corpo, segmenti, arti, appendici ecc.) che definiscono un gruppo di animali che hanno avuto un antenato comune. In un certo senso, il piano corporeo è il loro marchio di fabbrica. Le differenze di grana grossa tra i piani corporei (in termini di complessità, struttura, dimensioni) rappresentano la *disparità* tra le forme. Le differenze di grana più fine, all'interno di ciascun piano corporeo tra specie e generi diversi, si chiamano invece *diversità*.

Se scegliamo un certo numero di caratteri (n) e assegniamo a ciascuno una dimensione, possiamo costruire ancora una volta uno spazio n-dimensionale che conterrà tutte le permutazioni possibili di quei caratteri. Questa è la biblioteca di Babele degli animali, di tutti gli animali che possiamo immaginare. Gli scienziati hanno quindi inserito dentro il morfospazio tutti gli animali che esistono davvero oggi, compresi quelli sopra omaggiati: ecco tanti puntini sparsi qua e là, e ogni tanto una nuvola di puntini tutti addensati. La realtà è un sottoinsieme del possibile. Ma quale tipo di sottoinsieme?

Donoghue è un paleontologo di Bristol dallo spirito innovatore, abituato a mescolare dati eterogenei (dai fossili alle molecole) per ricostruire le grandi transizioni che hanno scandito la storia evolutiva. Vuole rendere più quantitativo lo studio del passato remoto. Con i suoi colleghi, ha completato una prima grande mappatura morfometrica dei caratteri che misurano la disparità di piani corporei degli animali attualmente esistenti sulla Terra: 1767 caratteri, alcuni tipici dei gruppi considerati e altri condivisi tra più gruppi; caratteri rappresentativi di tutti gli aspetti della morfologia, dal livello cellulare a quello dello sviluppo, a quello sessuale, delle anatomie scheletriche e delle parti molli. La matrice dei caratteri è stata poi applicata ai principali gruppi di animali esistenti, ovvero a 212 specie distribuite per 34 raggruppamenti maggiori di piani corporei, con relative comparazioni e calcolo delle distanze tra loro.

In pratica hanno passato al setaccio e misurato la disparità fra tutti i piani corporei animali fondamentali, tra gli altri: anellidi, artropodi, brachiopodi, cordati, celenterati, ctenofori, echinodermi, molluschi, rotiferi, tardigradi, onicofori, nematodi. Come gruppi di controllo esterni, per migliorare la definizione delle statistiche, sono stati usati due raggruppamenti ritenuti primitivi, cioè separatisi agli inizi della diversificazione degli animali: i poriferi (le spugne) e i placozoi (esserini marini simili ad amebe). La mappa delle relazioni tra i caratteri ha quindi misurato sia la disparità interna a ciascuno dei raggruppamenti maggiori sia la disparità tra loro. Il morfospazio risultante è dominato da cinque gruppi con alta disparità. Due su tutti: gli artropodi (che da soli fanno circa i cinque sesti delle specie di animali attuali, i campioni del morfospazio, ovvero: trilobiti, ora estinti; crostacei; insetti; millepiedi e centopiedi) e i cordati (tra i quali i vertebrati come noi). A seguire, gli anellidi, gli echinodermi e i molluschi.

Ma non è finita. Donoghue e colleghi hanno poi messo dentro la biblioteca anche tutti gli animali estinti, che sono oltre il 99% degli animali conosciuti, da quando hanno iniziato a diversificarsi sulla Terra. Gran parte della biodiversità terrestre, infatti, è vissuta nel passato e se n'è già andata. Quando studiamo animali, piante e microrganismi attuali, è come se stessimo osservando il grande albero della vita darwiniano dall'alto, nello strato più esterno della sua chioma. Tutto ciò che sta sotto è l'enorme diversità di antenati comuni e di ramoscelli laterali che si sono perduti e che ogni tanto spuntano dai sedimenti dove si sono fossilizzati. Quindi adesso guardiamo nel passato. Facciamo come il *goofus bird* di Borges, "uccello che costruisce il nido a rovescio e vola all'indietro, perché non gli importa dove va, ma dove è stato" (p. 97).

Ebbene, immettendo anche il passato, molti altri puntini fanno il loro ingresso dentro il nostro morfospazio, altre nuvolette di animali, cioè di combinazioni di tratti, che comparvero sulla Terra e si diedero da fare per un po' nel gioco della sopravvivenza. Il gruppo di ricerca ha aggiunto la stessa analisi per 70 raggruppamenti fossili maggiori del primo Cambriano (un periodo evolutivo cruciale che cominciò circa 540 milioni di anni fa), con 111 caratteri esclusivi. La metà di questi però non era conservata abbastanza bene nel record fossile: sono stati quindi esclusi e sostituiti in alcuni casi con inferenze su come doveva essere quel carattere in base alle relazioni filogenetiche dell'animale, cioè andando a guardare com'era quel carattere in specie affini, cugine o discendenti. In pratica, lo hanno dedotto dalle sue parentele. In tal modo, hanno potuto includere anche tratti di parti molli che di solito non fossilizzano. Un risultato tecnicamente formidabile: non era mai stato condotto un lavoro così certosino e su larga scala.

La disordinata conquista del morfospazio

Ora il modello assume anche una profondità storica. Non riguarda solo la fotografia del presente. Sovrapponendo il morfospazio degli animali attuali con quello fossile, si scoprono così alcuni indizi rivelatori sull'evoluzione, quella vera. Pensiamoci, è qualcosa di magico: uno spazio n-dimensionale astratto, una biblioteca fantastica, uno schema combinatorio immaginario, frutto di un gioco matematico degli scienziati, permette di scoprire qualcosa di molto concreto circa la realtà che esiste effettivamente là fuori, all'esterno delle nostre menti. Come è possibile? Ci torneremo.

Intanto vediamo cosa si scopre. Anche se era stata sovrastimata, per la maggioranza dei raggruppamenti animali la massima disparità era già presente nel primo Cambriano, intorno a 510-540 milioni di anni fa, a conferma dell'ipotesi di un'esplosione iniziale delle forme animali complesse avanzata nel 1989 dal paleontologo Stephen J. Gould, nonché poi dai paleobiologi James W. Valentine di Berkeley e Douglas Erwin dello Smithsonian National Museum of Natural History. Sembra che la vita abbia voluto sperimentare molte possibilità sin dall'inizio, quando si diversificarono gli organismi pluricellulari, dopo due miliardi e mezzo di anni di evoluzione a base esclusivamente di specie unicellulari e di colonie di unicellulari.

Alcuni degli animali scoperti per esempio nelle ricchissime faune di Burgess Shale, in Canada, furono per lungo tempo definiti "incomprimibili" proprio perché pareva impossibile ricondurli ai raggruppamenti attuali. Creature dei bassi fondali come *Hallucigenia sparsa* (già il nome è un programma), *Marrella splendens*, *Wiwaxia corrugata* e *Opabinia regalis*, delle quali si sono conservate tracce anche delle parti molli, sembrano veramente combinazioni alla rinfusa di moduli anatomici (zampe, colli, code, antenne, segmenti, uncini, proboscidi, chele, corazze e così via), come se fossero appena uscite dalla fauna di Fontcuberta.

Tuttavia i gruppi di maggiore successo – cioè artropodi, cordati e in misura minore anellidi, echinodermi e molluschi – mostrano una progressiva e consistente esplorazione ed espansione del morfospazio anche dopo il Cambriano. Quindi il calcolo totale dice che la disparità complessiva degli animali è comunque cresciuta nell'ultimo mezzo miliardo di anni, smentendo l'idea radicale di Gould secondo cui, dopo l'esplosione del Cambriano, ci sarebbe stata una decimazione della disparità e una successiva diversificazione all'interno dei pochi raggruppamenti sopravvissuti sin dall'inizio. Si nota piuttosto che le capacità di innovazione evolutiva non erano precluse in tempi successivi.

Le convergenze evolutive (quando animali non strettamente imparentati sviluppano adattamenti analoghi a causa di pressioni ambientali simili, per esempio uccelli e pipistrelli nel volo) portarono alcuni gruppi a sovrapporsi ad altri, cioè a esplorare le stesse soluzioni anatomiche per ragioni funzionali simili. Stanno vicini, nel morfospazio, anche se non sono cugini stretti. Nel tardo Devoniano poi (tra 390 e 360 milioni di anni fa circa), gli adattamenti alla terraferma – prima di piante e insetti, poi dei tetrapodi – furono un motore potente di ulteriore disparità, soprattutto in anfibi, rettili, uccelli e mammiferi. L'invasione di nuove nicchie ecologiche portò insomma a successive radiazioni esplosive di forme.

Non si pensi però che questa crescita della disparità possa far tornare in auge la vecchia idea del progresso evolutivo. La storia naturale degli animali non procede necessariamente dal primitivo al complesso (all'inizio vi fu un'esuberanza di sperimentazioni strutturali), né da abbozzi di adattamenti a ottimizzazioni funzionali (in faune come quelle di Burgess Shale, risalenti a inizio Cambriano, vediamo già all'opera specializzazioni legate all'evoluzione della vista e della predazione), né da poche ramificazioni di base a fronde intricate di derivazioni evolutive (la differenziazione morfologica era notevole già all'inizio). L'evoluzione non è una marcia di progresso lineare e graduale, ma un'esplorazione di possibilità contingenti nella grande biblioteca della vita.

Lo spazio delle forme animali possibili fu dunque occupato, per una sua parte, rapidamente e in modo punteggiato all'inizio dell'evoluzione dei metazoi nel Cambriano, mentre, per un'altra parte, fu raggiunto gradualmente nel corso della storia naturale successiva. Nelle fasi precoci, prima di 500 milioni di anni fa, l'evoluzione sembra avere più margini di libertà combinatoria, forse perché ancora non si erano stabilizzati i geni che presiedono allo sviluppo dei diversi piani corporei. In seguito, lavora per affinamento, per variazioni sui temi. Entrambi i processi, comunque, non sembrano aver riempito il morfospazio in modo omogeneo. La conquista del morfospazio fu disordinata e occasionale.

E qui si apre un interessante enigma evoluzionistico legato alla diversificazione degli animali, che ci interessa particolarmente in questa storia. Il risultato infatti, aggiungendo le specie viventi e quelle estinte, assomiglia a una gruviera disomogenea: zone più dense, zone rarefatte, immense aree disabitate. Nonostante le esuberanti sperimentazioni anatomiche del primo Cambriano, nonostante le diversificazioni successive, nonostante ancora oggi gran parte della biodiversità sia sconosciuta e la fantasia della natura reale continui a ispirare quella di scrittori e fotografi, il morfospazio resta "grumoso" (*clumpy*). La mappa di tutti gli animali del mondo è piena di buchi, interrotti qua e là da gomitoli densissimi di puntini tutti appiccicati. Ampissime regioni restano vuote, inesplorate, oggi come nel passato. Come mai?

Prima di tentare una risposta, si noti che lo stesso fenomeno accade nelle piante, il che è piuttosto sorprendente. In un articolo pubblicato su *Nature* nel 2016, un gruppo coordinato dalla biologa vegetale argentina Sandra Díaz disegnò il morfospazio delle piante. Per la prima volta venne presa in considerazione la variazione planetaria in sei tratti principali fondamentali per la crescita, la sopravvivenza e la riproduzione – dall'altezza della pianta adulta alla dimensione fogliare, ai semi e alle spore, e così via – all'interno del più grande campione di specie di piante vascolari mai compilato (più di 46.000), scoprendo che l'occupazione del morfospazio a sei dimensioni è fortemente concentrata e limitata. Ancor più che negli animali. Di nuovo, emerge una struttura a grappoli, con due sole regioni molto concentrate e corrispondenti a piante erbacee e piante legnose, indipendentemente dalla filogenesi.

La Terra quindi ospita una notevole diversità di forme vegetali, ma poche combinazioni di tratti essenziali, come se tutte le altre combinazioni possibili, la gran parte, fossero impedite da qualche vincolo o si fossero dimostrate evolutivamente non vitali. Inoltre, i tratti sono correlati tra loro "per funzione", dunque tendono a formare grumi condensati piuttosto che a disperdersi uniformemente nel morfospazio. Forse è per questo che non può esistere l'agnello vegetale di Tartaria?

Ardite navigazioni biotecnologiche

Ci sarebbe un metodo per capire come mai le regioni vuote non sono abitate da alcun animale, genoma o proteina che sia: andarci. Negli anni Dieci del secolo scorso, il sogno del fisiologo tedesco emigrato negli Stati Uniti, Jacques Loeb, era che esistesse una forma generica di materia vivente, plasmabile, versatile: il protoplasma ottocentesco (poi rimpiazzato dal DNA). Secondo la sua concezione meccanicistica, la vita seguirebbe principi ingegneristici, dunque si sarebbe potuto per esempio stimolare la riproduzione asessuata nelle uova di riccio di mare trattandole con semplici soluzioni saline. E il punto è che ci riuscì.

Da allora non ci si è più fermati e Frances Arnold lo sapeva bene. Se la morfogenesi stessa può essere alterata e manipolata con segnali bioelettrici, allora si può anche risvegliare il potenziale rigenerativo delle cellule staminali, nelle planarie, in axolotl, nelle salamandre. Si può indurre pluripotenza, facendo tornare indietro le cellule nel paesaggio dello sviluppo e alimentando la speranza di una medicina rigenerativa. Che la materia organica sia entro certi limiti plastica e programmabile lo mostrano gli organoidi, embrioni di tessuti e di organi fatti crescere all'esterno del corpo, partendo da cellule staminali indirizzate. Che le cellule siano versatili lo mostrano gli embrioni chimera di oggi, composti da cellule di specie differenti, a riprova che a livello cellulare le barriere sono più deboli.

Possiamo spostarci nello spazio di tutti gli animali possibili anche cambiando le permutazioni genetiche. Lo aveva predetto Richard Dawkins in *L'orologiaio cieco* nel 1986: "Situati da qualche parte in questo immenso spazio matematico [l'iperspazio genetico di tutti gli animali possibili] sono esseri umani e iene, amebe e oritteropi, platelminti e seppie, dronti e dinosauri. In teoria, se noi fossimo abbastanza bravi nell'ingegneria genetica, potremmo passare da qualsiasi punto nello spazio animale a qualsiasi altro punto" (p. 111). In teoria.

Quarant'anni dopo la profezia, i libri della biblioteca di Babele in effetti si possono correggere, editare, riscrivere. Qualcuno vorrebbe addirittura riaccendere uno di quei puntini nel morfospazio, risuscitando specie estinte di recente, come i tilacini australiani, i mammut e la colomba migratrice americana. Si prende il libro-genoma di una specie affine esistente (l'elefante indiano nel caso del mammut) e lo si rende il più simile possibile al libro-genoma del mammut, che abbiamo decifrato estraendolo dai tessuti ben conservati nel permafrost siberiano. Poi si dovrebbe trapiantare quel libro-genoma nella cellula uovo di un'elefantessa, dare inizio allo sviluppo dell'embrione e far nascere un elefantino mammutizzato. A onor del vero, non sarà la "resurrezione" di alcunché, ma la nascita di un nuovo ibrido. Per farne cosa, non è ben chiaro.

Altri hanno scelto una strada differente. Vorrebbero prendere il libro-genoma di un uccello, per esempio un pollo, e farlo tornare indietro nel morfospazio del passato. Gli uccelli infatti sono discendenti diretti dei dinosauri e nel loro DNA contengono geni atavistici risalenti a quel periodo, cioè geni ancestrali che erano stati "spenti" nel corso dell'evoluzione. A volte questi resti archeologici nel genoma si riattivano accidentalmente, come succede nei serpenti che nascono con le zampe, nelle balene a cui spuntano le pinne posteriori, o negli esseri umani che nascono con alcune vertebre caudali aggiuntive, a ricordarci di quando i nostri antenati avevano la coda. Nei polli, queste sequenze redivive presiedevano per esempio allo sviluppo dei denti nel becco o del perone nelle zampe.

Insomma, questi decifratori ambulanti immaginano di estrarre un libro dalla biblioteca di Mendel e di rimuovere le cancellature su alcuni paragrafi, ripristinando i caratteri degli antenati. Il libro-pollo, in teoria, dovrebbe progressivamente assomigliare sempre più a un libro-dinosauro: un pollosauro, con la coda lunga e una bella fila di incisivi. Per farne cosa, anche qui, non è ben chiaro, forse animali da compagnia (sempre che non vada a finire come in *Jurassic Park*...). Intanto però, armeggiando nella biblioteca di Mendel, hanno scoperto un gene connesso alla spondilite anchilosante. Se iniziamo a leggere, o a riscrivere, un libro che conosciamo poco, è probabile che scopriremo serendipicamente qualcosa di tanto inaspettato che nemmeno sapevamo di non sapere.

Questa epifania di ignoranza si è ripetuta quando, nella primavera del 2016, il biotecnologo Craig Venter in California ha annunciato la nascita del primo organismo vivente (battezzato *Syn 3.0*) dotato di un genoma minimo. In sintesi, Venter e il suo gruppo hanno scritto il libro più breve possibile nella biblioteca di Mendel. Prima hanno sintetizzato in laboratorio la sequenza genetica completa di un batterio intestinale. Poi a una cellula ospite (appartenente a una differente specie batterica) hanno tolto il genoma originale e hanno trapiantato il genoma sintetizzato: la cellula ha cominciato a obbedire alle nuove istruzioni genetiche, modificandosi di conseguenza e replicandosi. Il libro scritto nel linguaggio del DNA funziona proprio come un direttore d'orchestra.

In seguito, dal genoma sintetizzato i ricercatori hanno cominciato a togliere le parti apparentemente non essenziali, procedendo a tentoni, per prove ed errori. A forza di tagliare il libro, sono giunti fino a un genoma minimo composto da 473 geni, impiantando il quale la cellula ospite continua a sopravvivere, dando origine a una popolazione batterica (non esistente in natura) che contiene un genoma sintetico minimale eppur funzionale, appunto *Syn 3.0*. Togliendo anche un solo gene in più, la cellula muore. Ecco che scopriamo un nuovo vincolo dentro la biblioteca di Mendel: c'è una barriera di complessità minima, al di sotto della quale non si può andare. Quindi, navigando casualmente tra le gallerie, non potremo che incontrare libri più lunghi. Più cammineremo e più ne troveremo di lunghi. Questa passeggiata ci darà l'illusione di un progresso verso forme sempre più complesse, ma in realtà è un'illusione: se abbiamo un muro di complessità minima a sinistra, non potremo che spostarci, zigzagando, a destra.

Toccato il fondo, il passo successivo dei biotecnologi, dei nuovi progettisti nella biblioteca, sarà adesso quello di aggiungere a questa base minimale altri geni che "ammaestrino" il batterio a determinate funzioni volute dallo sperimentatore: ripotenziando il batterio minimale si potrebbero produrre popolazioni batteriche in grado di ripulire l'ambiente in caso di disastri ecologici come il versamento di idrocarburi in mare; oppure capaci di degradare la plastica, di produrre biocarburanti partendo dagli scarti vegetali, o ancora di sintetizzare nuovi farmaci. Venter del resto è convinto, come Dennett, che il DNA sia il software della vita e che dunque gli esseri viventi possano essere progettati e riprogettati, da zero, magari adesso con l'aiuto dell'intelligenza artificiale generativa. Sottovaluta le fini interazioni geniche, le regolazioni epigenetiche, la sensibilità dei genomi all'ambiente e molti altri livelli di complessità che ancora non conosciamo abbastanza.

Alcuni paventano che diffondere in natura microrganismi nuovi che non siamo in grado di retro-ingegnerizzare sarebbe come aprire il vaso di Pandora: siamo maneggioni imprudenti alle prese con nanomacchine biologiche che ancora non padroneggiamo a sufficienza. Quindi è troppo alto il rischio che batteri sintetici evolvano (cioè facciano il loro mestiere) e sfuggano al controllo dei loro creatori. Antichi miti, metafore e paure che ritornano. Pandora, Prometeo e Cassandra non hanno mai abbandonato la biblioteca, si nascondono da sempre in quei corridoi.

Ma la vera sorpresa inaspettata, celata nel libro più piccolo della biblioteca, è un'altra. Si scopre infatti che dei 473 geni che danno vita a *Syn 3.0* quasi un terzo (149) sono indispensabili (cioè se li togli il batterio muore), ma non ne conosciamo la funzione: è dunque molto probabile che quei geni sconosciuti siano legati a processi essenziali per la vita del batterio che finora ci erano sfuggiti. Chissà quali scoperte, anche con possibili applicazioni biomediche, si nascondono in quei 149 geni. Se qualcuno non avesse tentato quell'ardita manipolazione per sottrazione, non li avremmo scoperti. Fatto sta che persino dentro il genoma più piccolo mai studiato, un terzo delle sequenze ci è sconosciuto: un'ignoranza non da poco. Ma un'ignoranza generativa.

Al di sopra del DNA, il programma di ricerca della "morfologia sintetica" punta a ingegnerizzare tessuti organici per creare dispositivi utili in medicina, per esempio in grado di secernere una biomolecola. Bisogna indurre le cellule a produrre enzimi stabili diversi da quelli già evoluti per via darwiniana, riconvertendole per lavori non naturali. Immaginate occhi capaci di percepire la luce ultravioletta o medusoidi con cellule di ratto che si contraggono. Ci attendono altre esplorazioni biotecnologiche di frammenti del morfospazio. Purché non si dimentichi che le regioni sconosciute rimarranno oceaniche.

Che ci piaccia o no il sogno o incubo di Loeb e Venter, l'idea implicita alla base è la stessa: l'evoluzione finora non è arrivata dappertutto; studiando gli organismi naturali stiamo esplorando solo un piccolo angolo dello spazio potenziale di tutti gli esseri possibili. Come hanno scritto Donoghue e colleghi, solo un piccolissimo sottoinsieme dell'universo dei possibili piani corporei animali è stato realizzato. E per di più è un sottoinsieme frammentato, disperso, discontinuo, un grappolo di punti qui e un grappolo di punti là. Isole di senso in mezzo ad apparente rumore, proprio come aveva scritto Borges.

Il mantra si ripete, visto che lo stesso messaggio arriva dalle biblioteche delle proteine, degli RNA e dei genomi. Il possibile è molto più grande del reale e lo potremmo esplorare per via biotecnologica, navigando a modo nostro nel morfospazio. Ebbene, quelli appena descritti appaiono come balbettii da principianti davanti all'idea – all'unica idea – che Frances Arnold coltivava sin da quel lontano 1976 a Madrid. Non serve sintetizzare da zero il genoma di un batterio e giocare a fare Dio che fa e disfa, progetta e riprogetta. Fa tutto la selezione artificiale. Le proteine si allevano. Lei non solo voleva viaggiare nella biblioteca prendendo a prestito il rombante motore dell'evoluzione. Senza ancora saperlo, aveva anche la risposta all'enigma delle lacune nel morfospazio.

Lei aveva in mente una zoologia fantastica di proteine.

5

Il mistero delle lacune nel morfospazio

> Nel Seicento, Sir Thomas Browne osservò che non c'è animale che non abbia un sopra e un sotto, un davanti e un dietro, una destra e una sinistra, e negò che potesse esistere l'anfisbena, le cui estremità sono entrambe anteriori.
>
> JORGE LUIS BORGES, *Il libro degli esseri immaginari*

La lacunosa e rarefatta "grumosità" del morfospazio universale degli animali è un indizio cruciale per la nostra storia. Per trasformarla in scienza, dobbiamo innanzitutto capire quanto è davvero generalizzata, piuttosto che occasionale. Poi, per poterla spiegare, dobbiamo avanzare le ipotesi causali possibili, esaminarle e confrontarle. Al momento, tali ipotesi sono quattro. Poiché ogni animale e pianta corrisponde a un suo genoma, cioè a un libro nella biblioteca di Mendel, ciò che riscontreremo nel morfospazio degli organismi si rifletterà automaticamente sulla libreria del DNA. Alcuni genomi potenziali hanno espresso la loro creatura (grazie all'intermediazione delle proteine della biblioteca di Maynard Smith), altri no. Perché?

Il museo di tutte le conchiglie del mondo

Ripartiamo dalla generalizzazione del modello. Per un certo piano corporeo o per un dato insieme di caratteri – per esempio la forma delle conchiglie – si può costruire matematicamente uno spazio immaginario che contenga tutte le combinazioni di forme possibili. Potremmo definirlo un *morfospazio locale*, o semplificato, cioè ristretto ai pochi parametri considerati. In pratica è lo spazio complessivo che l'evoluzione può esplorare in linea di principio, rappresentato su assi cartesiani attraverso parametri quantitativi definiti. A questo punto si confronta di nuovo questo morfospazio ideale con la realtà, cioè con le forme che quel piano corporeo assume e ha assunto nella storia naturale in tutte le specie effettivamente esistenti ed esistite di quel gruppo.

L'esercizio è già stato fatto per diversi tipi di animali e ogni volta si scopre un fatto sorprendente: anche qui, sembra che l'evoluzione abbia esplorato soltanto un piccolo sottoinsieme del possibile, a qualsiasi scala si osservi il fenomeno e qualsiasi sia la biblioteca che costruiamo. Le soluzioni reali infatti si ammassano sempre in poche aree ristrette del morfospazio, lasciando vaste regioni vuote e immensi gap tra una zona popolata e l'altra. Il fenomeno sembra dunque universale. Già tra il 1966 e il 1967 un brillante paleontologo del Field Museum di Chicago, David Raup, grande esperto delle estinzioni di massa degli animali, aveva anticipato l'idea immaginando proprio lo spazio di tutte le conchiglie possibili.

Leggendo l'opera di un biologo strutturalista innamorato delle forme degli animali, D'Arcy Wentworth Thompson, Raup aveva notato che le conchiglie delle chiocciole e di altri molluschi, nonché dei brachiopodi e di altri animali, condividono tutte la stessa struttura di base: sono spirali che si aprono sempre di più, in modo direttamente proporzionale dalla distanza dal centro. Le conchiglie infatti si sviluppano come un tubo che si accresce ai margini secondo modalità comuni che possono essere descritte matematicamente attraverso poche variabili. Raup semplificò il suo modello fino ad arrivare a tre soli parametri che definissero il modo in cui gli animali secernono un guscio calcareo: la velocità di espansione della spirale rispetto al suo allargamento; il tasso di incremento del diametro del tubo; la velocità con cui le volute successive della spirale formano un cono (valore che è pari a zero nelle conchiglie piatte che rimangono su un piano solo, come l'armonioso *Nautilus* e le ammoniti, estintesi insieme ai dinosauri non aviani).

Poiché il valore di ogni parametro è raffigurabile come un punto in uno spazio tridimensionale, Raup ottenne un cubo dentro il quale c'erano tutte le possibili combinazioni dei tre valori: e quindi tutte le conchiglie possibili. Ogni punto dentro la scatola è una conchiglia potenziale, con i suoi tre specifici valori dei parametri: conchiglie piatte, coniche, allungate, a spirale stretta o larga, ariose o compatte senza vuoti tra le spire. Tutte. Ciascuna conchiglia ha vicino a sé quelle più simili a lei. Una variazione nei parametri si traduce in uno spostamento dentro il cubo. Quindi l'evoluzione di una specie è una traiettoria dentro questo morfospazio. Trasferendo il modello nel computer e viaggiando idealmente dentro il cubo, si vedranno le conchiglie trasformarsi secondo i tre parametri: alcune sempre più vermiformi; altre allungate in coni sottili; altre piatte come i bivalvi. Due conchiglie prese a caso saranno sempre connesse da una serie continua di conchiglie intermedie.

È lo stesso esercizio della biblioteca o del morfospazio. Osservando il cubo di Raup si fanno scoperte interessanti. Innanzitutto, il modello è una semplificazione. Non include altri parametri che nella realtà sono rilevanti: la sezione del tubo (che può essere circolare, ovale, irregolare ecc.), le scanalature e screziature, le strisce, i disegni e altri motivi ornamentali. Inoltre, in molte specie le tre variabili cambiano nel corso dello sviluppo, dunque gli animali corrispondenti si spostano all'interno del volume ideale durante la loro crescita, come apprendisti molluschi. In sintesi, il cubo lascia fuori molti dettagli. Nulla impedisce però di aggiungere altri valori e di costruire al computer modelli multidimensionali assai più raffinati, anche se difficili da visualizzare. Il fisico e biologo tedesco Hans Meinhardt, del Max Planck Institute for Biology di Tubinga, grande esperto della matematica sottostante gli schemi strutturali di crescita degli organismi, nel 1995 si spinse fino a dedicare un affascinante libro alla "bellezza algoritmica delle conchiglie marine".

Eppure, anche così ridotto all'osso, il museo di tutte le conchiglie possibili continua a essere abitato in modo asimmetrico: mettendoci dentro tutte le conchiglie vere conosciute, attuali ed estinte, queste si dispongono in una sola e ristretta regione del cubo, con alcune sporadiche forme eccentriche. Tutto il resto dello spazio nella scatola è vuoto, inabitato. Manipolando i parametri e viaggiando con il computer dentro le regioni deserte, compaiono conchiglie ipotetiche, a volte improbabili (troppo sottili, fragili, antieconomiche), altre volte invece apparentemente plausibili e persino belle. Solo che nella realtà non esistono o nessuno le ha mai finora osservate. Perché l'evoluzione ha esplorato soltanto quella parte del cubo? Perché tutto il vuoto attorno?

Prima di tentare risposte, si noti che già la parte del modello riguardante la realtà sembra offrire un suggerimento. Le forme elaborate e meravigliose di tutte le conchiglie del mondo (tutte, senza eccezioni) sono generabili da un sistema di forze tutto sommato molto semplice. Poi però le varie parti sono connesse tra loro per vie intricate attraverso la crescita. La trasformazione anche di una sola di queste parti può avere un effetto consistente sull'intero organismo e modificarlo in molti modi sorprendenti. Ancora una volta, sembra un gioco combinatorio. Permutando pochi parametri, si sprigiona una biodiversità meravigliosa di conchiglie, la quale a sua volta è un sottoinsieme minoritario rispetto a tutte le conchiglie possibili.

Grazie al lavoro pubblicato nel 2018 da Donoghue e dal suo gruppo su *PNAS*, adesso sappiamo che questa disomogeneità vale non soltanto per i morfospazi ristretti, come le conchiglie, ma anche per il morfospazio generale della disparità animale (attuale e passata) calcolato su centinaia di caratteri, come abbiamo visto nel capitolo precedente. Pare proprio una regolarità universale. Come si spiega?

Perché le forme di vita si ammassano attorno a pochi punti salienti, come falene attratte dalla luce, e tutto il resto rimane dominio dell'impossibile, dell'improbabile, o del possibile non realizzato, una terra incognita popolata da creature che non sfigurerebbero nel *Libro degli esseri immaginari* di Borges? Vediamo le quattro ipotesi in gioco per sciogliere questo giallo.

Uno spazio universale dei progetti?

La prima risposta possibile è ovviamente che le aree addensate siano quelle preferibili perché lì si concentrano le forme ottimali, cioè gli adattamenti migliori, i picchi raggiunti dalla selezione naturale nel "paesaggio della fitness" che abbiamo già incontrato, mentre altrove le specie si ritroverebbero a quote più basse di fitness, cioè con minori capacità riproduttive e di sopravvivenza in un dato ambiente. Secondo Daniel Dennett, l'inventore della biblioteca di Mendel, il morfospazio sarebbe lo "spazio universale dei progetti" potenziali e, al netto del caso, il processo ottimizzante di "ricerca e sviluppo" dell'evoluzione per selezione naturale spingerebbe gli animali verso le regioni migliori per la sopravvivenza. Le possibili esplorazioni dello spazio dei progetti sono tutte connesse fra loro e gli "inesorabili algoritmi" funzionali della selezione naturale accumulano variazioni vantaggiose, innalzando gli organismi verso i picchi adattativi.

Quindi per Dennett le lacune del morfospazio non sono abitate da creature reali per due sole ragioni. La prima è la semplice mancanza di opportunità storiche. Non c'è stato il tempo per accumulare le mutazioni genetiche casuali necessarie per arrivare sino a lì. Tanto più che, essendo per Dennett l'evoluzione un processo esclusivamente graduale, un piccolo passo per volta, le posizioni lontane dai genomi reali sono più difficili da raggiungere, quindi più improbabili, perché ci vorrebbero più passaggi, più mutazioni casuali. Più errori tipografici, se fossero libri. La vita, insomma, esplorerebbe sempre ciò che è limitrofo a qualcosa che si è già realizzato. Un salto troppo lungo nell'ignoto sarebbe quasi sempre letale. La seconda ragione è che gli organismi di successo avrebbero già occupato le regioni con maggiore altitudine nel paesaggio del morfospazio, cioè con le migliori capacità di sopravvivenza e di riproduzione. Usando un'espressione fuorviante, Dennett scriveva che queste specie avevano "accumulato progetto", come se nell'evoluzione ci fosse una finalità intrinseca e razionale verso il meglio, e non invece soltanto un'acquisizione contingente di funzionalità. Se l'evoluzione è soluzione di problemi e la selezione naturale è il suo algoritmo, allora le regioni vuote del morfospazio conterrebbero le soluzioni non ottimali, imperfette, meno progettuali. Proprio per questo sarebbero vuote. Chi ci è finito dentro non è sopravvissuto, non poteva farcela perché i costi erano maggiori dei benefici.

Insomma, non sarebbe razionale vivere nelle regioni vuote del morfospazio. Quello di Dennett assomiglia molto ai ragionamenti del dottor Pangloss sul migliore dei mondi possibili nel *Candido* di Voltaire. Il filosofo americano concordava paradossalmente con i teorici della teologia naturale, come William Paley, che sostenevano che il morfospazio è pieno di eccelsi e mirabili "progetti". L'unica differenza è che a creare questi splendidi adattamenti complessi non è stato un progettista intelligente, ma il suo equivalente laico: la mano invisibile di una cieca selezione naturale intesa come ingegnere pianificatore e ottimizzante.

Nel morfospazio, alcune soluzioni quindi sarebbero "più possibili" di altre. Dello stesso avviso è

Richard Dawkins, l'inventore del Paese dei Biomorfi e ispiratore di Dennett. Ammette che gli animali reali vissuti sin qui sulla Terra, gran parte dei quali già estinti, siano un minuscolo sottoinsieme degli animali teorici che avrebbero potuto esistere. Ne deduce che questa minoranza di animali reali sia composta da coloro che hanno percorso le traiettorie evolutive migliori nello spazio genetico, ovvero i conquistatori dei picchi adattativi disponibili. A suo avviso, infatti, la stragrande maggioranza dei percorsi evolutivi potenziali attraverso il morfospazio darebbe origine a mostri impossibili. Gli animali veri, appollaiati sulla loro vetta gradualmente e faticosamente guadagnata, sono sparsi qua e là fra creature ipotetiche assurde, senza speranze di sopravvivenza, laggiù nell'inferno delle basse vallate.

Dunque ogni specie animale sarebbe un "progettoide": talmente impressionante e ben organizzato da assomigliare all'opera di un progettista, ma in realtà frutto dell'azione cieca e cumulativa della selezione naturale. Dawkins nel 1996 creò un programma di selezione artificiale al computer applicato al museo di tutte le conchiglie possibili di David Raup: il "fabbricatore cieco di conchiglie". Naturalmente partì dalle conchiglie note e attribuì un valore funzionale positivo o negativo a ogni mutazione introdotta, supponendo che solo piccole variazioni graduali siano ammesse nell'evoluzione (il mantra è che le mutazioni maggiori diano origine solo a mostri impossibili). Costruì uno zoo di conchiglie virtuali e ne dedusse, in modo abbastanza ovvio, date le sue premesse, che il problema delle zone vuote non è la mancanza di variazione o la presenza di vincoli, ma la mano invisibile della selezione naturale. Nelle lacune del morfospazio ci sono cattive conchiglie in cui vivere, punto.

Eppure persino Dawkins deve ammettere, girando fra le sale del suo museo di tutte le conchiglie possibili, che alcune specie stranissime esistono veramente, fuori dalla zona confortevole. La *Spirula spirula* è un piccolo mollusco cefalopode, imparentato con il *Nautilus*, che non vive all'interno della conchiglia (molto aperta) e non la usa nemmeno per proteggersi, bensì come organo interno di galleggiamento. Un caso unico, ma reale e del tutto plausibile. Il turritellide *Vermicularia spirata* dei Caraibi ha una conchiglia così irregolare da farlo sembrare un verme tubicolo. Non cercateli sugli esopianeti: gli alieni sono già tra di noi.

I vincoli e i giochi del possibile

In molti casi sarà pure una questione di sola funzionalità e di selezione naturale, come pensano Dawkins e Dennett, ma non sempre. Sul piano biochimico, sappiamo che i genomi delle regioni vuote sarebbero altrettanto stabili ed esplorabili. L'affermazione secondo cui essi darebbero origine a mostri impossibili richiede l'onere della prova.

Talvolta le specie se la sono cavata in regioni non eccelse, ma accettabili. Vi sono poi intere zone del morfospazio che avrebbero garantito buone chance di sopravvivenza a chi le avesse esplorate, ma non sono mai state raggiunte da alcuna specie. Possiamo allora ipotizzare che nessun animale abbia mai adottato quelle soluzioni non perché fossero sempre sconvenienti, ma anche a causa di vincoli genetici, strutturali o di sviluppo che ne precludevano l'accesso. Ecco una seconda spiegazione possibile.

Borges, nel Prologo al suo *Libro degli esseri immaginari*, lo dice così: "Passiamo, ora, dal giardino zoologico della realtà al giardino zoologico delle mitologie, la cui fauna non è di leoni ma di sfingi e grifoni e centauri. La popolazione di questo secondo zoo dovrebbe superare quella del primo, giacché un mostro non è altro che una combinazione di elementi di esseri reali e le possibilità dell'arte combinatoria rasentano l'infinito" (p. 226). Tuttavia – aggiunge – nemmeno la fantasia umana sa concepire un numero indefinito di mostri, perché molti nascerebbero comunque già morti. Come mai?

I principali candidati come fattori intrinseci di limitazione dell'esplorazione del morfospazio degli animali (reali) sono i vincoli insiti nelle reti di regolazione genica dello sviluppo degli organismi, cioè nella genetica dell'embriogenesi. Nella biblioteca di Mendel, i geni dello sviluppo sono fondamentali perché presiedono alle caratteristiche "architettoniche" degli organismi: le simmetrie, le disposizioni degli arti e dei segmenti del corpo, la posizione della testa e della coda, e così via. Nei libri-genomi, alcune frasi sono scritte in grassetto e danno le coordinate di base dei piani corporei. Sono i direttori dell'orchestra della crescita. Il loro funzionamento è modulare: insiemi di tratti sono legati assieme e vengono trasmessi in blocco. In tal senso, i piani corporei fondamentali sarebbero canalizzazioni genetiche del processo di sviluppo degli animali, difficili da aggirare perché gran parte delle mutazioni su quei geni sarebbero deleterie in modo catastrofico. I vincoli di sviluppo non prevedono per esempio l'esistenza, in natura, dell'anfisbena, le cui estremità siano entrambe anteriori.

La grande disparità di forme esplose all'inizio del Cambriano sarebbe dovuta proprio a una iniziale flessibilità dei geni dello sviluppo, antecedente alla fase di cristallizzazione, che permise nelle acque basse inondate di luce di sperimentare moduli e combinazioni anatomiche in relativa libertà. Agli inizi gli atlanti anatomici prodotti dai geni dello sviluppo spaziarono quindi largamente nel morfospazio, poi la vita si sarebbe incanalata su pochi piani corporei, sempre gli stessi, variando sul tema. Alcune mutazioni, tuttavia, si sarebbero affermate anche dopo, dando origine alle innovazioni successive più rilevanti, per esempio tra gli insetti. Questo approccio si chiama *evo-devo* perché suppone che l'evoluzione (*evo*) dopo il Cambriano abbia agito principalmente sui sistemi di sviluppo (*devo* per *de-*

velopment). Ecco dunque che le lacune nel morfospazio potrebbero essere dovute ai vincoli di canalizzazione dello sviluppo dei piani corporei.

Come insegnò il già citato genetista François Jacob, i geni dello sviluppo obbediscono anch'essi a una logica combinatoria. Sono molto antichi e vengono conservati, tali e quali, in specie anche diversissime, come una scatola degli attrezzi per generare animali. Il nuovo si fa a partire dal vecchio: un gene evoluto in connessione con una certa funzione può essere duplicato e dirottato su funzioni del tutto differenti. Gli stessi geni dello sviluppo si combinano e si assemblano in modo diverso da gruppo a gruppo, come in un meccano genetico di montaggi e smontaggi. Quindi la permutazione e il riassortimento di un numero limitato di elementi produce l'enorme diversità di strutture macroscopiche reali (e ciascuna unica a modo suo) che troviamo nel morfospazio animale.

Altri vincoli sono invece di tipo prettamente fisico: la forza di gravità (in acqua e sulla terraferma), la disponibilità di ossigeno, pressione e temperatura. Sappiamo che gli animali non hanno mai "inventato" la ruota (i batteri sì, con il loro flagello), sia perché le ruote presuppongono le strade sia perché la loro biomeccanica impedisce di realizzare una struttura che possa girare attorno a un asse portante. Il contrasto tra le parti statiche e quelle rotanti disarticolerebbe e ben presto straccerebbe muscoli, vasi sanguigni e legamenti. Dunque la landa del morfospazio con animali dotati di ruote è deserta. Per altre ragioni, dovute alla respirazione per diffusione tracheale passiva dell'ossigeno nel corpo e alla presenza di un esoscheletro, gli insetti non possono diventare mai pesanti come elefanti (i più pesanti insetti conosciuti sono le weta neozelandesi, un etto di cavalletta gigante grossa come un pugno). L'esagono della biblioteca degli animali reali che contiene gli insetti più pesanti delle weta è dunque vuoto.

Esistono anche leggi della forma che vincolano le forme di piante e animali. La serie di Fibonacci si ripresenta in innumerevoli fenomeni biologici, dalle pigne ai girasoli alle conchiglie. Le correlazioni di crescita e le integrazioni fra le parti sono un'altra classe di vincoli, poiché un cambiamento adattativo in un settore dell'organismo ha effetti collaterali anche non adattativi altrove. Nelle allometrie, per esempio, un cambiamento di dimensioni in una parte si ripercuote in modo differenziale sulle dimensioni di altre parti. Gli organismi infatti non sono collezioni di atomi isolati, a ciascuno dei quali corrisponde un adattamento per selezione naturale, ma sistemi integrati di correlazioni. Ciò vale peraltro anche a livello genetico, poiché certi geni sono connessi a molteplici funzioni ed effetti, quindi una loro modifica si ripercuote su più parti dell'organismo.

Forse la categoria di vincoli più influenti è però un'altra ancora, che discende dalla filogenesi, cioè dalla storia precedente di una specie e dalle sue parentele. I cambiamenti evolutivi sono irreversibili e condizionano il futuro, soprattutto quelli che riguardano il processo di sviluppo. Come il dente di arresto di un ingranaggio: non si torna indietro e si costruisce a partire dall'esistente. Il bipedismo umano, per esempio, è un cambiamento complessivo di postura a partire da una struttura da quadrupede, con tutti i vincoli preesistenti, i compromessi e le imperfezioni del caso. Succede anche nelle nostre vicende individuali: una biforcazione storica, un accidente, una scelta di vita deviano la traiettoria esistenziale su un certo binario, precludendone per sempre altri. Così nell'evoluzione: le aree vuote del morfospazio potrebbero essere quelle impossibili da raggiungere a causa di vincoli storici pregressi che precludono certe combinazioni di tratti.

Il potere plasmatore della selezione naturale potrebbe essere limitato anche da principi di autorganizzazione e di ordine spontaneo emergente "ai margini del caos", secondo Stuart Kauffman. I picchi adattativi del morfospazio sono fissati non solo dal grado di fitness raggiunto in quei punti, ma anche da attrattori connessi alle leggi fisiche e chimiche dei sistemi viventi, nei quali una rete di componenti genera strutture ordinate. Questi attrattori possono essere, per esempio, il formarsi spontaneo di membrane lipidiche, l'equilibrio interno di un organismo e delle sue cellule (omeostasi), il delicato compromesso tra stabilità di replicazione ed errori di copiatura nel DNA, le trame di regolazione dei geni che danno origine a un organismo, le regole di differenziazione e di migrazione delle cellule quando un essere vivente è in fase di sviluppo.

La selezione naturale, insomma, non sarebbe l'unica forza generatrice di ordine. Non è libera di andarsene dove vuole nel morfospazio. La variabilità genetica non è una creta plasmabile a piacimento. I vincoli, peraltro, non implicano soltanto limitazioni. In alcuni casi, le loro canalizzazioni possono al contrario accelerare l'evoluzione, anche se soltanto lungo certe direzioni. Inoltre i vincoli di sviluppo, se modificati, possono sprigionare nuove potenzialità ed esplorare forme inedite. La creatività dei vincoli insegna che i fattori evolutivi sono molteplici e che la natura non lavora come un ingegnere, partendo da un progetto razionale, ma rimaneggia l'esistente e trova compromessi ed espedienti. Proprio quello che Frances Arnold pensava di fare con le sue proteine.

Qualcosa di analogo potrebbe accadere in un altro meraviglioso mondo combinatorio: il nostro linguaggio. Secondo il linguista Andrea Moro, la Babele delle lingue (questa volta è la torre, non la biblioteca) ha confini definiti. La variazione delle lingue umane non può spaziare dove vuole. Benché il numero delle combinazioni possibili di parole in una data lingua sia pressoché infinito (come ci insegna Borges) e la struttura sintattica gerarchica permetta una grande ricchezza di soluzioni, il gioco combinatorio effettivo del linguaggio umano in realtà non è del tutto libero. Le grammatiche possibili, infatti, non sono infinite, a causa di limiti biologici inscritti nella nostra architettura neuronale.

Ecco perché non tutte le grammatiche concepibili sul piano combinatorio si sono realizzate storicamente: sarebbero mondi linguistici impossibili, cioè incompatibili con la neuropsicologia umana. Per dimostrarlo, si possono inventare lingue che adottano regole grammaticali impossibili e verificare quanto esse non siano accessibili alla facoltà di linguaggio umana: non possono cioè essere apprese. Inoltre, il nostro cervello riconosce gli errori sintattici attivando reti neuronali specifiche, come se davvero esistesse un vincolo interno.

L'esercizio combinatorio delle lingue immaginarie è simile al morfospazio degli animali. Costruiamo una libreria-inventario di lingue potenziali e proviamo a distinguere quelle che si basano su regole accessibili al nostro cervello e quelle che invece violano i principi di funzionamento della rete neuronale specifica della sintassi umana. Esse disobbediscono infatti a griglie sintattiche, a filtri selettivi e a costrizioni silenti di cui ci accorgiamo solo quando le sfidiamo, e che forse si sono evoluti per facilitare l'apprendimento della lingua madre da bambini. I vincoli biologici hanno quindi un ruolo dirimente nel dividere le lingue possibili da quelle impossibili, riducendo drasticamente le combinazioni ammissibili di parole.

Questa è una nozione forte e positiva di vincolo, perché definisce le condizioni stesse di possibilità di una lingua: uno stampo universale per tutte le grammatiche del mondo. Al di fuori, ci sono soltanto frasi non grammaticali. Certo, la classe di tutte le sintassi potenziali è comunque vastissima e sicuramente esistono lingue possibili che nessuno ha mai parlato né forse mai parlerà. Tuttavia, è anche molto escludente perché si basa su principi combinatori precisi. Quindi nelle lingue il reale è un sottoinsieme del possibile, d'accordo, ma il possibile è circoscritto da regole stringenti di costruzione.

Un po' diverso sembra essere il caso delle forme viventi: è improbabile che gli animali che non si sono realizzati finora siano tutti "animali impossibili" o "sgrammaticati", perché tutti in contraddizione con la trama nascosta delle regole di strutturazione dei geni dello sviluppo e degli altri vincoli biologici. È vero che ogni animale condivide una percentuale notevole del DNA con tutti gli altri animali, ma l'analogia tra lingue e genomi non va portata troppo in là. Più che un linguaggio o un software o un codice, il DNA è una ricetta per torte: servono molti altri ingredienti per far lievitare un animale. Nell'evoluzione quindi il reale è un sottoinsieme del possibile e il possibile è limitato da alcuni vincoli, che ancora non sappiamo quanto siano potenti. La Babele delle forme viventi ha confini più labili.

La grande mietitrice

Il team coordinato da Donoghue, inventore del grande morfospazio, pensa di aver trovato una terza ipotesi sulle cause dei vuoti nel morfospazio: sovrapponendo il morfospazio attuale su quello fossile si scopre infatti che quest'ultimo nel lontano passato era un po' più omogeneo. Potremmo aver guardato finora nella direzione sbagliata. La causa delle aree deserte nel morfospazio non risiederebbe soltanto nelle vallate di bassa fitness, né nella mancanza di innovazione dell'evoluzione né in vincoli preesistenti, bensì nei capricci e nelle irregolarità della grande mietitrice: l'estinzione. Se nello spazio multidimensionale aggiungiamo infatti le specie estinte, i confini del morfospazio sin qui esplorato non si espandono, piuttosto si addensano le regioni già abitate.

In alcune regioni del morfospazio la scomparsa di forme intermedie – come già Darwin aveva ipotizzato commentando la disomogeneità dell'unico diagramma ad albero da lui inserito nell'*Origine delle specie* – è stata più forte e ha generato i buchi che vediamo oggi tra i raggruppamenti maggiori di forme animali. Reintroducendo nella matrice gli strani animali di Burgess Shale di inizio Cambriano – per esempio alcuni discendenti laterali degli artropodi che poi non lasciarono discendenti (come il gigante dei mari cambriani, *Anomalocaris*) – alcune lacune si riducono o si colmano. Il problema quindi non starebbe solo nell'incapacità degli animali di esplorare quelle zone né nella disomogeneità casuale dell'esplosione cambriana, ma nella potatura successiva che sul lungo periodo spazzò via un sacco di forme intermedie, non sempre seguendo criteri selettivi di efficienza e di perfezione adattativa.

Gli estinti quindi occupavano regioni intermedie del morfospazio. Se verrà confermata questa ipotesi, dovremo concludere che gli animali, lasciati a sé stessi, riempirebbero prima o poi tutto il morfospazio possibile, ma i vincoli interni, le correlazioni funzionali e strutturali, le estinzioni e gli stravolgimenti ecologici non lo permettono. La spinta interna a colonizzare quanto più possibile il morfospazio sarebbe una sorta di legge zero della vita, già intuita da Darwin: gli organismi, se hanno spazio, tempo e risorse, si moltiplicano indefinitamente. Le specie invasive ne sono un chiaro esempio.

Tuttavia, le specie incontrano sempre limiti di varia natura (scarsità di risorse, predatori, parassiti, patogeni, cambiamenti ambientali, vincoli strutturali interni) che le frenano. Tra questi, secondo il gruppo di Donoghue, la decimazione la fa da padrone. In alcuni casi (le estinzioni di sfondo) essa rientra nel gioco normale dell'evoluzione: a seguito della particolare severità di uno o più di quei freni, la popolazione si riduce sempre di più, si frammenta, la variabilità genetica diminuisce progressivamente e il motore della sua evoluzione si inceppa. In altri casi (le estinzioni di massa) la scomparsa repentina, sul piano paleontologico, di molte specie è data da sconvolgimenti ecologici su larga scala – dovuti per esempio a oscillazioni climatiche, supereruzioni vulcaniche, deriva dei continenti, impatti di comete e asteroidi – che poco hanno a che vedere con le abilità adattative delle specie. Chi si è estinto non sempre aveva colpe. Non era per forza inadeguato. Anzi, talvolta a estinguersi sono proprio le forme meglio specializzate alle condizioni ambientali precedenti. Se il mondo cambia velocemente, sono le prime a soccombere.

Ma qual è dunque il motore di quella legge zero che ha spinto le forme animali a esplorare sempre di più i limiti del morfospazio possibile, al netto delle estinzioni? È solo una questione di tempo o dobbiamo supporre che esistano meccanismi interni che favoriscono la diversificazione, come per esempio la crescita delle dimensioni del genoma e del repertorio di proteine sfruttabili, o la diversa regolazione e l'espansione di nuove famiglie di geni?

Per rispondere a questa domanda Donoghue e colleghi hanno focalizzato la loro metrica a livello degli antenati comuni dei singoli raggruppamenti e hanno correlato la disparità di morfologie risultante con altre banche dati biologiche. Come già teorizzato dai filosofi e biologi della Duke University di Durham, Daniel McShea e Robert Brandon, la crescita di disparità animale sarebbe una tendenza intrinseca nell'evoluzione, correlata all'aumento della complessità morfologica degli organismi, che viene misurata in termini di diversità dei tipi cellulari. C'è anche una buona correlazione con l'aumento della variazione nelle dimensioni corporee. Disparità di un raggruppamento maggiore e sua diversità interna (come numero di specie) vanno pure di pari passo. Se ne deduce che i mezzi attraverso i quali l'evoluzione ha accresciuto la disparità animale sono di sicuro: il numero dei tipi cellulari impiegati per assemblare tessuti e organi (un altro gioco combinatorio!); l'aumento medio delle dimensioni corporee; e la diversificazione delle specie.

Che dire però delle cause remote? Il tempo e la casualità da soli non bastano: i raggruppamenti con origine più antica, infatti, non sono necessariamente i più disparati. Quindi sono all'opera altri fattori. Bisogna guardare a cause intrinseche, forse genetiche, della disparità. Dai dati pubblicati su *PNAS* vediamo che la crescita di complessità morfologica è ben correlata con l'aumento delle dimensioni del genoma, ma non in termini di numero di geni e nemmeno di repertorio di proteine utilizzate.

Non resta che concludere che il segreto sta probabilmente nella regolazione genica, in particolare nell'espansione delle reti di regolazione, come attestato dal fatto che i raggruppamenti con più disparità presentano anche un maggior numero di famiglie di micro-RNA, che sono gli attori protagonisti di tali reti di regolazione. Ancora una volta scopriamo che la natura è esperta in riciclaggio. Se la disparità e la complessità degli organismi aumentano senza un corrispondente aumento del numero di geni e di proteine coinvolti, significa che l'evoluzione non ha lavorato di aggiunta, ma ha riutilizzato il materiale che era già a disposizione e lo ha regolato in modo differente, diversificandone le funzioni. Bricolage.

Detto ciò, nonostante tutte queste cause potenziali di esplorazione di nuove forme (più tipi cellulari, aumento delle dimensioni corporee, regolazioni geniche inedite, e così via), la maggior parte del morfospazio ideale non è mai stato comunque raggiunto da alcun animale reale, segno secondo gli autori che gran parte delle combinazioni di caratteri corrispondenti a quelle zone non erano possibili a prescindere, a causa di vincoli di sviluppo contingenti e profondi, cristallizzatisi all'inizio dell'evoluzione degli animali (quindi torniamo alla seconda ipotesi). Secondo i calcoli di Donoghue, circa venti caratteri soltanto (una testa ben definita, un tubo digerente, la muta, la segmentazione e altri) sono stati cruciali per condizionare le evoluzioni successive dei piani corporei. Dunque la terza ipotesi (estinzione degli intermedi) sembra complementare alla seconda (vincoli storici).

Queste rigidità strutturali non hanno impedito comunque alla disparità animale di fare un balzo in avanti nel tardo Devoniano, quando alcuni animali si emanciparono dai limiti dell'ambiente acquatico (ulteriore riprova dell'importanza dei vincoli fisici) e occupando le nuove nicchie ecologiche terrestri esplorarono anche nuovi reami del morfospazio. Il che dimostra che la capacità di innovazione non è andata perduta dopo il Cambriano e che anche fattori estrinseci come l'espansione dello spazio ecologico hanno avuto un ruolo chiave. Nell'immenso morfospazio degli animali mancava un protagonista, un convitato di pietra: l'ambiente. La teoria dell'evoluzione è una teoria ecologica del cambiamento.

La contingenza esplorativa

Da ricerche come questa emerge tutta la ricchezza della spiegazione evoluzionistica contemporanea, che sta diventando sempre più pluralista. Le rozze dicotomie, che tagliano i nodi gordiani, non reggono più: evoluzione graduale o per salti; geni egoisti o altruisti; funzioni o strutture; plasticità o vincoli; caso o necessità. La disparità animale non si è evoluta solo in modo punteggiato o solo in modo gradualista, ma si è alimentata con un'alta frequenza di piccoli cambiamenti e con una frequenza più bassa, ma morfologicamente rilevante, di cambiamenti più ampi. Così pure, fattori intrinseci (genetici) ed estrinseci (ecologici) non si elidono, ma si compenetrano.

Non dobbiamo in tal senso sottovalutare un ulteriore elemento. Abbiamo visto che le estinzioni che avrebbero modellato il morfospazio, rendendolo grumoso come lo vediamo oggi, hanno un forte elemento di contingenza. Non sempre eliminano chi si trova in fondo a una vallata del paesaggio adattativo. Non danno il colpo di grazia a chi già era in difficoltà. Questa è una sorta di contingenza in negativo. La grande mietitrice colpisce un po' a casaccio, presentandosi sotto forma di un vulcano o di un asteroide. E se esistesse anche una contingenza in positivo? Una contingenza esplorativa?

Una quarta e ultima ipotesi traspare già in molte delle risposte precedenti all'enigma delle lacune nel morfospazio: e se la contingenza non avesse finora mai fatto arrivare nessuno da quelle parti? Se fosse semplicemente una questione di pura storia? Se l'esplorazione del morfospazio fosse soltanto incompleta? Il percorso di mutazioni genetiche giuste, per esempio, potrebbe non essersi mai realizzato, rendendo incompleta e lacunosa l'esplorazione del morfospazio. Essendo le mutazioni errori casuali di copiatura del DNA, tale ipotesi è del tutto plausibile, come quando un certo numero di sequenze di numeri pescati alla lotteria non si presentano mai in un certo lasso di tempo (nel caso dell'evoluzione, 3,8 miliardi di anni).

Oltre all'accumulo di mutazioni casuali, abbiamo visto che nell'evoluzione la deriva genetica (un assortimento casuale di varianti genetiche in piccole popolazioni) ha un ruolo importante, spostando lateralmente in modo erratico e imprevedibile i percorsi nel morfospazio. Infine, per contingenza si intende anche la dipendenza dalla storia pregressa. In aggiunta alle mutazioni, anche aver intrapreso certe strade e non altre, aver fatto certe scelte e non altre, aver letto certi libri e non altri della biblioteca condiziona le traiettorie successive, vincolandole. C'è insomma un elemento di irreversibilità accidentale nelle esplorazioni del morfospazio.

Non contando che una specie potrebbe aver conquistato un picco adattativo non eccelso ma decente, attorno al quale ci sono soltanto punti più bassi (quindi se ne sta ferma dov'è, imprigionata nel suo mediocre intorno locale), senza la minima contezza del fatto che poco più lontano c'era un picco adattativo più alto. Solo uno sconvolgimento ecologico o una deriva genetica casuale potrebbe liberarla dalla sua mediocrità. Gli animali con le ruote si troverebbero probabilmente su una cima svettante dell'adattamento, ma non ci si può arrivare. Inoltre, se una specie viene a trovarsi in una regione del paesaggio adattativo in cui le vette sono già tutte occupate da altre specie, le possibilità di miglioramento saranno ridotte. Al contrario, dopo una catastrofe, i pochi sopravvissuti potranno irradiarsi rapidamente andando a occupare le nicchie ecologiche lasciate libere.

Con ogni probabilità, tutte e quattro le spiegazioni hanno un grado di verità e potrebbero essere concause che si intrecciano. Resta comunque il fatto che il morfospazio è sempre più grande rispetto ai limiti raggiunti dalle specie realmente evolutesi fin qui dalla nascita della vita sulla Terra. Soltanto un piccolo sottoinsieme dell'universo dei possibili *body plans* sembra essersi davvero realizzato. Sembra di sentir riecheggiare l'adagio che William Shakespeare fa pronunciare a Amleto: "Vi sono in cielo e in terra, Orazio, assai più cose di quante ne sogna la tua filosofia" (p. 75). Ecco, c'erano più cose in cielo e in terra di quelle che l'evoluzione abbia mai sognato. Il possibile è più vasto del reale. E la natura è più grande e fantasiosa di tutte le nostre teorie per comprenderla.

L'esperimento a cui nessuno aveva ancora pensato

Potremmo a questo punto semplificare le quattro ipotesi precedenti concentrandole in una sola domanda di ricerca. Il morfospazio ideale è una gruviera discontinua e frammentata perché contiene vincoli strutturali interni, implacabili disparità funzionali e regole sottostanti oppure perché la storia evolutiva non ha ancora esplorato ampie zone della biblioteca? La questione resta aperta. Come scriveva Stuart Kauffman già nel 1993, in *The Origins of Order*, quelle lacune nello spazio degli organismi reali sembrano proprio il frutto di ramificazioni casuali in uno spazio a molte dimensioni. Quella disposizione a gruviera è proprio ciò che ci aspetteremmo se i vincoli strutturali o funzionali fossero leggeri, non determinanti. Servirebbe un esperimento per verificare la contingenza, ma non abbiamo la macchina del tempo per tornare indietro e saggiare la dipendenza della storia da dettagli casuali e apparentemente insignificanti. Non possiamo ripetere il film della vita e controllare se la sceneggiatura e il finale sono sempre gli stessi.

Certo, quell'immenso morfospazio – di animali, di proteine o di geni – lascia supporre che lì dentro ci siano anche gli innumerevoli percorsi che la nostra vita avrebbe potuto prendere e non ha preso. E così pure i sentieri che l'evoluzione avrebbe potuto imboccare, senza che alcuna ragione a priori glielo impedisse. Se nella biblioteca di Babele ci sono tutti i libri possibili a partire da un alfabeto di 25 caratteri, allora nei suoi esagoni non ci sono soltanto tutte le variazioni di una sola lettera di *Moby Dick* o del *De rerum natura*. Gli scaffali dell'immensa biblioteca contengono anche tutte le versioni alternative di quelle storie: c'è il capitano Achab che riesce a catturare quella maledetta balena bianca; Ulisse non naufraga oltre le Colonne d'Ercole e scopre l'America; *Il Signore degli Anelli* finisce con la vittoria di Sauron; c'è financo il Vangelo in cui Gesù viene rilasciato.

Non esiste argomento logico per escludere che queste versioni alternative di grandi classici della letteratura e del fantasy siano per forza peggiori degli originali. Ma allora, estendendo ulteriormente il ragionamento, dobbiamo pensare che nella biblioteca di Babele ci siano anche tutte le storie scritte delle nostre vite, giorno per giorno, fedeli cronache delle sequenze di eventi che si sono inanellate nelle nostre esistenze. Non solo, però, le storie scritte delle nostre vite effettivamente vissute e di quelle di tutti coloro che sono vissuti finora (come abbiamo detto, all'incirca 107 miliardi di persone, noi compresi), ma anche di tutte le possibili vite alternative di ognuno di noi.

In particolare, come per le versioni di *Moby Dick*, ci saranno anche le storie di tutte le vite che differiscono di un solo dettaglio dalla nostra: un incontro mancato; un qualsiasi accidente; una decisione diversa; una moltitudine di altri appuntamenti con il destino. Queste ultime – le vite possibili e non realizzate – come elementi della biblioteca hanno la stessa dignità delle vite reali. Se ne stanno nel possibile adiacente. Semplicemente, non sono esistite finora, ma avrebbero benissimo potuto esistere in passato, a un passo solo dal reale, e potranno esistere in futuro, incarnate magari da altri (se non saremo così idioti da autoestinguerci).

Il fatto che i libri reali e le vite reali siano così pochi, in assoluto, rispetto a tutti quelli possibili ci fa già capire quanto siamo stati fortunati nella lotteria del DNA, delle proteine, delle forme animali e delle nostre esistenze come primati bipedi di grossa taglia. Se poi ci accorgiamo che anche tra le forme plausibili di vita ci sono vastissime lacune, allora è sensato pensare che vi sia un elemento di contingenza pure nel modo in cui la realtà si dissemina nello spazio delle possibilità. Siamo capitati nel posto giusto del morfospazio al momento giusto. Era improbabile, ma è successo. In molti altri posti non si potrebbe vivere comunque e ce ne faremo una ragione. Ma in altri ancora, dove si potrebbe vivere in modo più che degno, semplicemente finora non è mai nato nessuno.

Riassumendo, servirebbe un esperimento dirimente. Dopotutto, un altro assioma di fondo che distingue la biblioteca di Babele di Borges da quelle dei genomi, delle proteine e degli animali è che queste ultime non esistono *ab aeterno*. L'evoluzione ha navigato sin qui nella biblioteca degli animali, ma ha lasciato il segno di una lumaca ubriaca. Non si capisce da dove veniva e non si capisce dove va. O forse in altre zone si vive peggio. O forse, in altre ancora, qualche vincolo strutturale, fisico, architettonico impedisce di venire al mondo con quella forma. O chissà, sarà colpa dell'estinzione, a posteriori. Quattro ipotesi a confronto, concorrenti e complementari, come si fa nella scienza, tra congetture e confutazioni, finché una guadagna più peso di un'altra, un nuovo dato cambia gli equilibri. Adesso abbiamo, se non altro, una precisa domanda di ricerca. Ci vorrebbe proprio un esperimento risolutore.

Qual è dunque l'ipotesi più plausibile per spiegare l'enigma delle lacune nel morfospazio? Non lo sa nessuno, o meglio: non lo sapeva nessuno prima che arrivasse una giovane studentessa di Ingegneria che a Madrid, nel 1976, aveva letto Borges.

6

La fortezza di If

> [...] In quell'impero, l'Arte della Cartografia raggiunse tale Perfezione che la mappa d'una sola Provincia occupava tutta una Città, e la mappa dell'impero, tutta una Provincia. Col tempo, codeste Mappe Smisurate non soddisfecero e i Collegi dei Cartografi eressero una Mappa dell'Impero, che uguagliava in grandezza l'Impero e coincideva puntualmente con esso. Meno Dedite allo Studio della Cartografia, le Generazioni Successive compresero che quella vasta Mappa era Inutile e non senza Empietà la abbandonarono alle Inclemenze del Sole e degl'Inverni. Nei deserti dell'Ovest rimangono lacere Rovine della Mappa, abitate da Animali e Mendichi; in tutto il paese non è altra reliquia delle Discipline Geografiche.
>
> JORGE LUIS BORGES, *L'artefice*

Il morfospazio di tutti gli animali possibili è un'astrazione, un gioco cerebrale, che però ci fa scoprire pezzi di verità. Un contenuto di pensiero incrocia la realtà e la spiega, anticipandola. Ma perché nella scienza si immaginano mondi ideali, che di per sé non esistono, per spiegare la realtà? Per rispondere potremmo citare gli esperimenti mentali, così cari a Galileo Galilei e a Albert Einstein. Storie di ascensori in caduta libera, cavalli e treni in corsa, navi, orologi sincronizzati. Potremmo richiamare il valore delle simulazioni e delle anticipazioni predittive di entità non ancora osservate, dal bosone di Higgs alle onde gravitazionali, per non dire di pianeti, buchi neri, pulsar, specie biologiche non ancora classificate, elementi chimici.

Tutta questa ricchezza della natura non si è presentata nuda agli occhi dello scopritore, non è stata osservata e descritta nella sua disadorna oggettività: piuttosto, è comparsa nella mente di qualcuno ben prima che qualcun altro ne captasse il segnale di esistenza. Ma la risposta migliore alla domanda circa l'enigmatico potere delle astrazioni è stata data, anche questa volta, da uno scrittore: Italo Calvino.

La prigione perfetta

La scienza incontra la molteplicità e cerca, spesso invano, di ricondurla a unità, cospirando contro i dettagli, le ambiguità, le eccezioni. Per sfuggire all'angoscia di ciò che è innumerabile e inclassificabile, prova a incasellare l'esperienza in scatole ben definite: quasi mai ci riesce, ma non può non farlo. La letteratura altresì contempla la molteplicità e – dice Italo Calvino nel 1978 dialogando con Daniele Del Giudice – immagina "un sistema di moltiplicazione dei possibili per esorcizzare la tragicità dell'unicità. Il fatto che la vita è una, che ogni avvenimento è uno, il che comporta la perdita di miliardi di altri avvenimenti, perduti per sempre. Narratore è colui che vuole sottrarsi a questo destino" (in Bucciantini, p. 131). Vivere la propria unica vita significa perdere miliardi di altre vite possibili, ciascuna delle quali avrebbe potuto sgorgare da una minima divergenza, deviazione o biforcazione nel tessuto della realtà.

Forse anche per questo Borges concepì la biblioteca di Babele, perché come Calvino si era scontrato con i limiti del visibile, con la minaccia del caos, e aveva avvertito l'urgenza esistenziale profonda di tentare, nonostante tutto, una via di fuga. Ma nello scrittore argentino il labirinto della biblioteca sembra preesistere a ogni umano sforzo, muto e soverchiante come un Moloch. In Calvino invece ci si finisce dentro per via di un ragionamento matematico che dischiude possibilità. Se la realtà può essere letta a più livelli, dobbiamo salvare la sfida al labirinto-mondo, senza con ciò arrenderci al labirinto come Borges, bensì perlustrando una poetica dell'allargamento. Più precisamente, una poetica combinatoria, fondata sul fatto che "ogni vita è un'enciclopedia, una biblioteca, un inventario d'oggetti, un campionario di stili, dove tutto può essere continuamente rimescolato e riordinato in tutti i modi possibili" (*Lezioni americane*, p. 120).

Anche Calvino era un grande inventore di immagini, sintetiche e potenti, con una loro stringente logica interna. L'esperimento mentale e letterario che fa al caso nostro è la fortezza di If – da "Il conte di Montecristo" in *Ti con zero* – racconto epistemologico scritto nell'estate del 1967, tra i più fecondi e generativi di Calvino, la cui opera è ricca di prigioni, fortezze, castelli, dedali, città di pietra volanti, strutture pesanti eppur vuote, opprimenti, che schiacciano il mondo. È un "vuoto il cui potere annientatore si riveste di fortezze compatte, il vuoto-pieno che può essere dissolto solo da ciò che è leggero e rapido e sottile", come uno sciame di effimere contro la fortezza – scrisse nella *Collezione di sabbia* del 1984 (in Bucciantini, p. 173). In tal senso siamo confortati da un giudizio di Calvino stesso, presente in una lettera del 1969 a Mario Boselli, secondo la quale il finale del Montecristo è la "vera conclusione etico-gnoseologica a cui sono arrivato" (*ibidem*, p. 150). "Il finale più ottimistico che sono riuscito a dare al mio racconto", aveva detto in "Cibernetica e fantasmi" del 1967.

Quindi l'immagine della fortezza di If è importante per Calvino. Ma cosa succede nel racconto? E perché sarebbe ottimistico? Il marinaio Edmond Dantès e l'abate Faria sono rinchiusi nella fortezza di If, al largo di Marsiglia (Calvino immagina che Alexandre Dumas scriva il suo romanzo *Il conte di Montecristo* partendo da un iper-romanzo combinatorio che contiene tutte le varianti possibili della storia del protagonista Edmond Dantès, ma non seguiremo questa parte del racconto). Entrambi sanno che per fuggire devono capire come è fatta la prigione, orientarsi fra i suoi cunicoli, scoprire lo schema delle sue segrete. Faria vuole andarsene al più presto perché ha saputo che sull'isola di Montecristo c'è un tesoro nascosto e vuole impossessarsene per liberare poi Napoleone dall'Elba e dargli i mezzi per rimettersi al comando del suo esercito. Cerca di evadere per via empirica, per tentativi ed errori: scava cunicoli in continuazione, cerca i punti deboli nella terribile struttura carceraria, incide sulle pareti della cella mappe e formule, ma si perde. Ogni volta sbuca in un'altra cella.

Dantès invece è pessimista circa le sue capacità di studio della prigione: l'unica finestrella è in fondo a un cunicolo e non si vede nulla; si ode solo il mare; i passi del carceriere rimbombano nei corridoi; un topo sta rodendo da qualche parte; passa un bastimento verso la rada di Marsiglia; Faria raspa e scava. Troppo poco: i dati ottenuti dalla vista e dall'udito sono disordinati, lacunosi e contraddittori. Allora decide di cambiare strategia e parte dal presupposto contrario: "Esiste una fortezza perfetta", pensa, "dalla quale non si può evadere; solo se nella progettazione o costruzione della fortezza è stato commesso un errore o una dimenticanza l'evasione è possibile" (p. 157).

Il giovane marinaio, anziché urtare direttamente contro una realtà impermeabile e inarrivabile, resta nella sua cella e pensa, rimugina, immagina: fa un gioco di rimbalzo, tutto mentale, un ragionamento indiretto. L'errore è rivelatore, si impara per scarto. Dal peregrinare di Faria nei suoi cunicoli capisce che la fortezza è illimitata e periodica, come la biblioteca di Borges: il suo centro è dappertutto, non ha punti privilegiati e si ripete nello spazio e nel tempo con la stessa combinazione di figure. Inoltre, essa cresce mostruosamente intorno ai prigionieri e con il tempo i suoi confini si allontanano da loro. Più Faria cerca di violarla e più si estende: i muri si ispessiscono, si moltiplicano bertesche e barbacani. Anche la fortezza di If è il luogo della molteplicità delle cose possibili e ben presto il racconto di Calvino si avviluppa in una trama temporale da iperromanzo con tutte le varianti possibili di intreccio della trama tra If, Montecristo e Napoleone.

Mentre Faria saggia la resistenza delle muraglie e sonda i punti deboli, Dantès suppone allora che esista una fortezza ideale perfetta, quindi interamente compiuta, la fortezza delle fortezze, senza sbavature, errori di costruzione, approssimazioni. Essa sarà costruita con materiali nobilissimi, inscalfibili. Potremmo anche dire che la fortezza perfetta sia la somma di tutte le fortezze possibili e le racchiuda, emendando le inesattezze di ciascuna. Sarà una fortezza inespugnabile dall'esterno e dalla quale è matematicamente impossibile evadere. Ora supponiamo di poterla immaginare e descrivere. Nella nostra mente avremo un modello.

Dantès capisce che non gli serve ordire l'evasione perfetta, come Faria, ma immaginare la prigione perfetta e assumere che esista. A questo punto deve solo fare un confronto tra la fortezza ideale e quella reale in cui si dà il caso che entrambi siano rinchiusi. Di nuovo, come per il morfospazio di tutti gli animali del mondo, si fa un confronto tra la costruzione mentale combinatoria e la realtà effettiva concretizzatasi finora. Se non troveremo differenze, allora non ci sarà speranza: siamo chiusi in una prigione inviolabile. Se invece scopriremo qualche smagliatura, anche un solo piccolo discostamento dal modello, allora lì si aprirà una breccia per evadere.

Dantès-Calvino ha bisogno di Faria, perché "l'unico modo di rinforzare la fortezza pensata è mettere continuamente alla prova quella vera" (p. 157), ma il metodo è invertito: "Se riuscirò col pensiero a costruire una fortezza da cui è impossibile fuggire, questa fortezza pensata o sarà uguale alla vera – e in questo caso è certo che di qui non fuggiremo mai; ma almeno avremo raggiunto la tranquillità di chi sa che sta qui perché non potrebbe trovarsi altrove – oppure sarà una fortezza dalla quale la fuga è ancora più impossibile che di qui – e allora è segno che qui una possibilità di fuga esiste: basterà individuare il punto in cui la fortezza pensata non coincide con quella vera per trovarla" (p. 164).

I quattro significati della fortezza di If

Teniamo bene a mente questa frase conclusiva del racconto, perché geniale e rivelatrice. La fortezza di If in Italo Calvino è importante perché possiede almeno quattro significati possibili, a intensità conoscitiva crescente. Il primo rimanda alla sua accezione politica: la fortezza come ideologia che imprigiona. Non dobbiamo restare schiacciati in un mondo di pietra che ci siamo costruiti attorno da soli, in una fortezza composta dal minerale sterile dell'ideologia. Pensare per esempio al capitalismo come un sistema totalizzante, fatale e inevitabile impedisce ogni opposizione: bisogna trovare gli anelli che non tengono nella presunta fortezza perfetta del neoliberismo predatorio. La prigione perfetta – commenta Calvino in una lettera a Giovanni Falaschi del 1972 – va ipotizzata proprio per dimostrare che la prigione reale non è perfetta.

Torna qui l'eco dei suoi molti personaggi reclusi che cercano una breccia, una fessura, una crepa, un'inezia che regala libertà. In tal senso, una via di uscita che renda meno opprimente il vivere è ovviamente la letteratura, intesa come formalizzazione e astrazione, come ricerca di forma, ordine, razionalità, esattezza. Ma lo è anche l'analisi spietata e completa della realtà politica, senza volontarismi ingenui e velleitari, bensì con la consapevolezza di una necessità oggettiva che costringe da fuori, "solo essendo coscienti al massimo dei fattori che ci determinano" scrive Calvino nel 1973 "si può trovare lo spiraglio per sfuggire alla determinazione in senso passivo e dominarla in senso attivo. Questo il senso che ho voluto dare al mio racconto *Il conte di Montecristo* che resta ancora uno dei miei punti di arrivo" (in Bucciantini, p. 161). Non rassegnarsi all'inferno, insomma, ma "cercare e saper riconoscere chi e cosa, in mezzo all'inferno, non è inferno, e farlo durare, e dargli spazio", come recita la memorabile chiusa delle *Città invisibili* (p. 498). Parole quanto mai profetiche in questi tempi di barbarie esibita da *Homo* sedicente *sapiens*.

Il secondo significato della fortezza ideale riguarda il rapporto fra Io e Mondo: è secondario scoprire chi sia l'io che scrive, dice Calvino a Cesare Garboli, "ciò che conta, più che capire sé stessi, è capire il mondo che ci contiene (e, se mai, sé stessi in negativo), capire cioè il mondo-prigione, non il prigioniero sempre empirico fungibile provvisorio" (in Bucciantini, p. 91). Dell'io, quindi, si può al massimo dire ciò che non è, in negativo, non ciò che è, superando sciovinismi narcisistici, provvidenze, finalismi, consolazioni, provincialismi antropocentrici. Solo così possiamo sviluppare un sincero senso di responsabilità verso l'universo: "Siamo anello di una catena che parte a scala subatomica o pregalattica: dare ai nostri gesti, ai nostri pensieri, la continuità del prima di noi e dopo di noi, è una cosa in cui credo", aggiunge Calvino nel dialogo con Del Giudice (*ibidem*). Ed è una cosa in cui credono tutti gli evoluzionisti, i quali da Charles Darwin in poi hanno rinunciato alle lusinghe dei paradisi teleologici.

Il terzo significato della fortezza ideale ci porta dritti dentro la scienza e indica il sistema-fortezza come modello compiuto, che viene scardinato da un dettaglio apparentemente insignificante, da un'anomalia sperimentale, da un errore, dalla scoperta serendipitosa di qualcosa che non si stava cercando. In sostanza, è una metafora del metodo deduttivo, ovvero, nelle parole di Calvino del 1969 a Boselli: "La progettazione congetturale della prigione assoluta è una professione di fede nella deduttività, nella necessità di costruire modelli teorici formalmente perfetti della realtà oggettiva con cui si vogliono fare i conti" (*ibidem*, p. 151). Così funziona in effetti la legge di copertura deduttiva nella scienza: suppone di ricondurre a sé una molteplicità di fenomeni e genera congetture sottoposte al popperiano fuoco di fila delle confutazioni da parte della realtà empirica. Il suo esito è al massimo la verosimiglianza, un avvicinamento asintotico alla verità, ma mai la Verità in sé, con la maiuscola; una sfida infinita e sofferta di progettazione congetturale e prova empirica che l'abate Faria conosce bene.

Detto altrimenti, la conoscenza scientifica si basa sulla costruzione di una successione di modelli. In tal senso, nota Calvino giustamente, scienza e racconto procedono nello stesso modo, da Galileo in poi: dettagli e schemi, modelli, perturbazioni, nuovi modelli. Scrive Calvino nel 1980: "Non è questo forse il movimento proprio di ogni sapere? Riconoscimento della singolarità che sfugge al modello normativo; costruzione di un modello più sofisticato, tale da aderire a una realtà più accidentata e spigolosa; nuova rottura delle maglie del sistema; e così via" (*ibidem*, p. 136). La scienza è una battaglia tra la mente e la realtà, una dialettica tra astrazioni e controlli empirici. Non è mera descrizione di ciò che si osserva, ma anticipazione, immaginazione, domanda, interpretazione, messa alla prova di congetture temerarie. Ecco perché è così importante formulare modelli mentali e poi confrontarli con la realtà.

Grazie a questo movimento, la fortezza si espande ogni volta di più e la ricerca è una rincorsa infinita, perché non puoi mai sapere cosa stai lasciando fuori dalla fortezza stessa. Anche la biblioteca di Babele potrebbe essere ulteriormente allargata, abbiamo visto, se solo aggiungessimo variabili all'alfabeto e al linguaggio di partenza. Questa è una delle migliori definizioni di come funziona oggi il metodo scientifico nelle scienze della vita e non solo, attraverso selezione tra modelli, inferenze verso la spiegazione migliore, convergenze di dati eterogenei, aggiunta di nuovi indizi. Rigore e immaginazione, insieme.

E così arriviamo al quarto e ultimo significato potenziale della fortezza ideale, il più importante e sconcertante: quello epistemologico nel senso più ampio, finanche cosmico, del rapporto fra il reale e il possibile. La fortezza ideale può essere intesa – spiega Calvino – anche come la somma delle combinazioni possibili in un dato insieme di parametri, come spazio delle forme, come morfospazio del possibile, appunto, allo stato attuale delle nostre conoscenze. Qui ritroviamo il tema forte in Calvino del racconto come macchina cibernetica auto-organizzata, prodotto di un processo combinatorio tra elementi dati che – scriveva Calvino in "Cibernetica e fantasmi" – può effettuare tutte le permutazioni possibili in un dato materiale, anche se poi il risultato poetico sarà l'effetto particolare di una di queste permutazioni sulla coscienza del singolo.

Ecco dunque il legame con lo spazio di tutti gli animali possibili e con i suoi buchi, e non solo. Abbiamo visto che anche inventare lingue immaginarie può permetterci di scoprire la differenza fra lingue possibili e lingue impossibili. Le seconde sono tali perché violano vincoli neurobiologici reali: sono deviazioni inaccessibili, vie impraticabili. Quindi, la costruzione di un modello irreale – o iper-reale, sovrabbondante, ridondante sul piano combinatorio – fa scoprire qualcosa di reale. Detto altrimenti, studiare ciò che non esiste e capire perché non esiste (per esempio, alcune combinazioni di regole sintattiche oppure gli animali dentro i buchi del morfospazio) ci fa comprendere qualcosa di importante su ciò che esiste. Gli errori, le omissioni, le lacune, i vuoti nello spazio del possibile sono spiragli di verità. Si impara per assenza.

Forme scartate, irrecuperabili, perdute

Un mondo apparentemente chiuso si moltiplica in un numero incalcolabile di mondi possibili, attraverso un processo combinatorio e immaginifico che, attingendo al "golfo della molteplicità potenziale" di Giordano Bruno (citato da Calvino nella quarta delle *Lezioni americane*, p. 91), è all'origine del discorso umano tanto quanto del metodo scientifico. Del resto, il libro del mondo è scritto in caratteri geometrici, secondo Galileo, come un sistema plurale di alfabeti che rappresenta la totalità del reale combinando gli elementi fra loro. Lo dicevamo nel primo capitolo: era proprio quello che sosteneva anche Lucrezio – il parallelismo cosmico tra le parole e le cose – e che attraverso Borges entra nella mente della giovane Frances Arnold.

In questa accezione della fortezza ideale come grande rete delle combinazioni e associazioni possibili troviamo anche un altro luogo letterario di Calvino assai promettente, sul piano euristico, per la scienza di oggi. Il morfospazio, abbiamo detto, è un'astrazione. A cosa serve? Secondo Calvino, gli esperimenti mentali nella scienza sono una vera e propria forma di narrazione creativa, personale, incisiva, e tuttavia geometrica, una costruzione astratta corposa, sofferta, vissuta. Nei gemelli di Einstein, nel naviglio di Galileo, l'esperimento diventa racconto. Borges stesso, appassionato di matematica, prese i paradossi di Zenone e ne fece letteratura. La dimostrazione, a modo suo, è una storia. La scienza è uno straordinario universo narrativo, degno di Ariosto, giacché – scrive Calvino a Del Giudice nel 1980 – "anche ogni assioma è un racconto. Quale racconto più bello di: Si dicono parallele due linee che si incontrano all'infinito?" (in Bucciantini, p. 130).

Ora torniamo alla nostra storia, cominciata nel 1976 a Madrid, dove una giovane studentessa di Ingegneria meccanica e aerospaziale di Princeton si trova in vacanza e legge *La biblioteca di Babele* di Jorge Luis Borges. Come spiega Calvino, è un modello astratto che può insegnarci qualcosa sulla realtà, anche se non possiamo essere certi dei limiti esterni del modello, che sono raggiunti per induzione empirica rispetto alle conoscenze attuali in nostro possesso: non possiamo cioè sapere se sia davvero completo e perfetto. La biblioteca illimitata e periodica è pur sempre pensata da noi umani imperfetti, entro i limiti di un alfabeto conosciuto.

Poi abbiamo incontrato l'alfabeto genetico combinatorio di Mendel, suggerito da Daniel Dennett, fatto in gran parte di libri-genomi che nessuno ha mai letto, perché darebbero origine a creature impossibili, informi, assurde. Infine, abbiamo viaggiato nella biblioteca di tutti gli animali e di tutte le piante possibili di Philip Donoghue e colleghi, scoprendo che quelli reali sono un piccolo sottoinsieme del tutto e che nel morfospazio ci sono un sacco di buchi. Italo Calvino ci aveva già pensato: è il continente ignoto del racconto "L'origine degli uccelli", in *Ti con zero*, dove si dispiegano "tutte le forme che il mondo avrebbe potuto prendere nelle sue trasformazioni e invece non aveva preso, per un qualche motivo occasionale o per un'incompatibilità di fondo: le forme scartate, irrecuperabili, perdute" (p. 25).

Si notino le due ipotesi esplicative di Calvino. La realtà non ha assunto tutte le forme possibili o per "un qualche motivo occasionale" o per "un'incompatibilità di fondo". Detto altrimenti: o per la pura storia, nella sua proliferazione di biforcazioni contingenti; o per i vincoli, che non hanno soltanto effetti limitanti ma anche di innesco. Sappiamo quanto fosse importante in Calvino, e nei suoi amici del collettivo parigino di letteratura potenziale OuLiPo, la funzione creativa di regole e costrizioni formali in letteratura. Proprio come nell'evoluzione.

Le città invisibili sono piene di vincoli generativi. I destini incrociati nascono da un mazzo di tarocchi e dalle loro associazioni. Il barone non deve mai scendere dagli alberi. *Se una notte d'inverno un viaggiatore* del 1979 è formato da dieci inizi alternativi di romanzo su un tema comune, i cui titoli compongono una frase. Calvino fa dire a uno dei suoi protagonisti, il romanziere Silas Flannery, che l'idea di scrivere non un libro, ma un'intera biblioteca, lo fa sentire più leggero, perché qualsiasi cosa sarà scritta potrà essere amplificata, ritrattata, integrata, bilanciata dagli altri innumerevoli volumi della biblioteca (p. 181). Non si troverà mai il libro definitivo, e questo dà sollievo. Del resto, l'*ars combinatoria* narrativa degli esercizi di stile di Raymond Queneau altro non è che un'ulteriore versione del morfospazio di possibilità che abbiamo visto in proteine, DNA e animali. Insomma, anche la narrativa è una macchina combinatoria.

Ripensiamo ora al metodo adottato dagli scienziati costruttori del morfospazio animale e vegetale: hanno inserito dentro il morfospazio ideale tutti gli organismi che esistono per davvero oggi; puntini sparsi qua e là, e ogni tanto una nuvola di puntini addensati. Poi hanno messo dentro la biblioteca anche tutti gli animali estinti conosciuti, molti altri puntini. L'esercizio è lo stesso proposto da Calvino nel "Conte di Montecristo": un gioco di differenze e di scarti tra la fortezza ideale perfetta e la fortezza reale empirica contingente!

L'abate Faria cerca quindi di evadere per via empirica, per tentativi ed errori: scava cunicoli in continuazione, cerca i punti deboli nella terribile struttura carceraria, ma si perde. Edmond Dantès, per calcolare le probabilità di fuga, parte dal presupposto contrario: "Esiste una fortezza perfetta" – abbiamo visto – "dalla quale non si può evadere; solo se nella progettazione o costruzione della fortezza è stato commesso un errore o una dimenticanza l'evasione è possibile" (p. 157). Bisogna cercare la ruga nello spazio-tempo, la maglia rotta che non tiene. Sulla base dei dati empirici raccolti da Faria e della successione dei suoi errori (che sono indispensabili come ruvido attrito con la realtà), la fortezza di Dantès diventa così una congettura, un morfospazio combinatorio. Ripetiamo ancora la formidabile conclusione di Dantès: "Se riuscirò col pensiero a costruire una fortezza da cui è impossibile fuggire, questa fortezza pensata o sarà uguale alla vera – e in questo caso è certo che di qui non fuggiremo mai; ma almeno avremo raggiunto la tranquillità di chi sa che sta qui perché non potrebbe trovarsi altrove – oppure sarà una fortezza dalla quale la fuga è ancora più impossibile che di qui – e allora è segno che qui una possibilità di fuga esiste: basterà individuare il punto in cui la fortezza pensata non coincide con quella vera per trovarla" (p. 164).

Ora applichiamo il metodo di Dantès-Calvino al caso del morfospazio ideale di tutte le proteine, di tutti i genomi e di tutti gli animali. Il gioco è quello di Dantès: confrontare la fortezza ideale (dunque quella completa e perfetta, che contempla tutte le possibilità) con la fortezza reale, che sembra perfetta solo fin quando non si riesce a evadere. Se inseriamo le specie reali dentro il modello combinatorio astratto – abbiamo visto –, queste vanno sempre a occupare poche regioni, addensandosi in aree ristrette e lasciando vuote ampie praterie del morfospazio. Le biblioteche del possibile sono piene di buchi, di smagliature, e dunque di potenziali vie di fuga. Sembra che l'evoluzione abbia esplorato sin qui soltanto un piccolo sottoinsieme del possibile, in barba a tutte le nostre idee di progresso, efficienza, ottimalità, teleologia. Le forme di vita si ammassano attorno a pochi punti, e tutto il resto rimane dominio dell'impossibile, dell'improbabile, o del possibile non realizzato, un *hic sunt leones* popolato da creature per cui – per dirla sempre con Calvino – "la barriera tra mostri e non mostri saltava in aria e tutto ritornava possibile" (in *Ti con zero*, p. 24).

Possiamo allora ipotizzare, semplificando all'osso, che nessun animale abbia mai adottato quelle soluzioni a causa di vincoli genetici, strutturali o di sviluppo che ne precludevano l'accesso (quella che Calvino chiama "un'incompatibilità di fondo"). Oppure, la contingenza storica non ha finora mai fatto arrivare nessuno da quelle parti. Il percorso di mutazioni genetiche giuste, per esempio, potrebbe casualmente non essersi mai realizzato, rendendo lacunosa l'esplorazione del morfospazio (l'altra ipotesi di Calvino: "un qualche motivo occasionale"). Insomma, o vincoli o circostanze storiche, o una combinazione dei due.

Fatto sta che molte specie avrebbero potuto essere e non sono state, o saranno un giorno, chissà. Noi avremmo potuto assomigliare ai mostri cinquecenteschi di Aldrovandi, se il cammino da ubriachi nel morfospazio avesse imboccato un altro binario. E non è affatto detto che gli ipotetici abitanti dei lontani esopianeti che stiamo cominciando a scrutare nella galassia ci assomiglino: i vincoli del loro morfospazio saranno un po' diversi dai nostri e questo basterà. Magari qualche competenza di base sarà simile (riprodursi? crescere e morire? avere occhi? saper nuotare in un liquido?), ma tutto lascia supporre che il dominio delle potenzialità sarà stratosfericamente vasto anche per loro. Del resto, la parola *natura* è declinata al futuro, non al passato: è "ciò che sta per nascere".

Più che nichilismo, pochismo

Ebbene, sarà proprio quella giovane studentessa che a Madrid nel 1976 aveva letto Borges a scoprire e a dimostrare per la prima volta sperimentalmente che il possibile è più vasto del reale. Il metodo combinatorio crea un universo che non è infinito, e dunque è a suo modo conchiuso, ma dentro il quale si apre un numero iperastronomico di tragitti alternativi. Soprattutto, l'applicazione del metodo della fortezza ideale di Calvino ci consegna un messaggio epistemologico più generale. Giocando con le fortezze ideali e con i modelli si fanno scoperte scientifiche fondamentali, e nessuno sa ancora esattamente perché.

L'"irragionevole efficacia" della matematica fa sì, per esempio, che un grande matematico tedesco ben noto a Borges, Bernhard Riemann, si metta a giocare con le geometrie non-euclidee, ne costruisca un catalogo partendo da mutazioni negli assiomi (un'altra biblioteca, questa volta di geometrie possibili!), e dopo mezzo secolo un fisico scopra che una di quelle – nate scherzando con i postulati e con i mondi possibili a più dimensioni – descrive la realtà effettiva dello spazio-tempo einsteiniano. Si noti la sequenza temporale: prima, qualcuno ha immaginato la biblioteca delle geometrie alternative e potenziali (fantasticando rigorosamente su postulati disattesi, pseudosfere, ipersfere, geodetiche, tensori); dopo, qualcun altro ci ha infilato dentro una realtà fisica.

Molte cattedrali di pensiero sono nate nella mente di qualcuno prima che si comprendesse che tra le loro navate c'erano verità potenti su come funziona il mondo reale. Le coniche di Apollonio di Perga, le tre curve che si ottengono tagliando un cono con un piano (ellisse, parabola e iperbole), nacquero come puro esercizio geometrico e poi servirono a Keplero e Newton. Nell'Ottocento si giocava con le matrici numeriche e dopo un secolo un fisico scoprì che erano proprio quelle che servivano per dare un ordine matematico alla meccanica quantistica. Come amava ripetere il Nobel per la medicina del 1960, il grande immunologo Peter Medawar, ogni ricerca scientifica comincia con l'invenzione di un mondo possibile o di un suo frammento, da sottoporre al vaglio dell'esperienza: è un continuo confronto tra ciò che potrebbe essere e ciò che è. L'immaginazione, scrive Calvino nella quarta delle sue *Lezioni americane*, è "repertorio del potenziale, dell'ipotetico, di ciò che non è né è stato né forse sarà ma che avrebbe potuto essere" (p. 91).

Inseguendo semplicità, simmetrie, generalizzazioni e bellezza formale, i matematici hanno concepito temerariamente molte strane creature ideali – come i numeri complessi con la loro unità immaginaria, algebre, operatori, insiemi, numeri irrazionali, quantità negative, numeri transfiniti, la teoria dei gruppi con le sue permutazioni, gli isomorfismi e le simmetrie – che per quanto bizzarre hanno funzionato nello spiegare la realtà. Esistono quindi anche biblioteche di "animali matematici" potenziali e mostruosi, alcuni inammissibili, altri capaci invece di intercettare frammenti di mondo. Finzioni della mente e passatempi per appassionati di logica diventano necessità fisiche.

Certo, è pur vero che le generalizzazioni e gli stereotipi, con la loro pretesa di stabilità e di obiettività, tendono a ridurre la ricchezza del reale, vogliono conquistarne e addomesticarne l'abbondanza. Come scrisse il filosofo della scienza Paul Feyerabend nell'esordio di *Conquista dell'abbondanza*: "Il mondo in cui abitiamo è abbondante al di là della nostra più audace immaginazione. Vi sono alberi, sogni, tramonti; temporali, ombre, fiumi; guerre, punture di zanzara, relazioni amorose; ci vivono persone, Dei, intere galassie" (p. 3). Se l'essere trabocca di interpretazioni, di dettagli particolari, di ambiguità, di storie e di livelli intrecciati, i concetti astratti (soprattutto quelli occidentali) lo impoveriscono e lo sviliscono. Tuttavia, in parziale dissenso potremmo aggiungere che esistono particolari forme di astrazione che mantengono un nocciolo segreto di fecondità, che sembrano anticipare mondi, anziché semplificarli. Non cercano principi ultimi sottostanti, ma schiudono orizzonti, perché sono modelli combinatori, centrati sulla categoria della possibilità e non della necessità.

Là fuori c'è una realtà che fa resistenza nella rete dei modelli, che abbocca all'amo dell'astrazione, solo che non sappiamo quanto grande e profondo sia l'oceano del possibile che la circonda. Come scrive ancora Feyerabend descrivendo il suo pluralismo: "Non tutti gli approcci alla 'realtà' hanno successo. Come le mutazioni inadatte, alcuni approcci resistono per un po' – i loro sostenitori soffrono e alcuni muoiono – e poi scompaiono" (p. 261). È lo stesso destino dei bibliotecari di Borges, che ogni tanto incappano in una frase dotata di senso, dentro un libro appoggiato su uno scaffale qualsiasi di un esagono che sembrava identico a tutti gli altri.

Quindi dentro la biblioteca, dentro quella realtà abbondante, di sicuro ci siamo pure noi, decifratori ambulanti. Forse per questo Borges ha messo gli specchi nei corridoi: per ricordarcelo. Come scrisse Darwin, l'evoluzione è un intreccio di leggi di natura e di caso. Il risultato è un'incessante metamorfosi, una storia affascinante che ancora riserva sorprese. È una storia che ci riguarda da vicino, visto che un bel giorno nel morfospazio dei cordati, ai margini di una delle tante lacune, in una regione del possibile senza alcuna centralità, fece la sua comparsa l'imperfetto bibliotecario chiamato *Homo sapiens*.

Per dirla con Calvino, la nostra individualità deve arrendersi al mare indistinto dell'oggettività, giacché l'orizzonte umano non gode di alcun privilegio.

Ciò nonostante, la vittoria della possibilità sulla necessità non deve indurci a un nichilismo disfattista, semmai per Calvino a un "pochismo" consapevole della contingenza di ogni forma di esistenza. La malinconia infinita della biblioteca si può scalfire anche con l'ironia. In un saggio delizioso del 1984, *Il niente e il poco*, l'autore spiega che il contrario di nulla non è il tutto, ma il poco, che nasce dal nulla. Il niente è la vera forma assoluta, l'ordine perfetto. L'universo – scrive un Calvino scettico e lucreziano – nasce come "infinitesimo brufolo nella levigatezza del nulla": il poco è imperfetto, traballante, impuro, e tuttavia creativo (in Bucciantini, pp. 63-64).

Come nella versione sotterranea della città di Bersabea, che custodisce il "tesoro delle cose buttate via: un pianeta sventolante di scorze di patata, ombrelli sfondati, calze smesse, sfavillante di cocci di vetro, bottoni perduti, carte di cioccolatini, lastricato di biglietti del tram, ritagli d'unghie e di calli, gusci d'uovo" (*Le città invisibili*, p. 455), e come del resto già Galileo aveva fatto dire a Sagredo nella prima giornata del *Dialogo sopra i due massimi sistemi del mondo* ("Io per me reputo la Terra nobilissima e ammirabile per le tante e sì diverse alterazioni, mutazioni, generazioni ecc., che in lei incessabilmente si fanno", p. 74), il nuovo nasce non certo dalla purezza del cristallo, del diaspro o del diamante, ma dall'imperfezione e dalla contingenza: "Il poco che c'è e potrebbe anche non esserci, o essere ancora più esiguo, più sparuto e deperibile" (in Bucciantini, p. 63).

Dunque siamo una ben piccola cosa, noi umani, dentro la biblioteca del possibile, però abbiamo concepito la biblioteca stessa. "Io credo che il mondo esista indipendentemente dall'uomo" – diceva Calvino in un'intervista del 1967 – "il mondo esisteva prima dell'uomo ed esisterà dopo, e l'uomo è solo un'occasione che il mondo ha per organizzare alcune informazioni su sé stesso" (*ibidem*, p. 101). La biblioteca è eterna e incorruttibile, ci precede ed esisterà anche dopo che l'ultimo bibliotecario si sarà suicidato gettandosi dalla balaustra tra gli esagoni. Tuttavia, "l'uomo è solo la migliore occasione a noi nota che la materia ha avuto di dare a sé stessa informazioni su sé stessa", scrive Calvino a Sebastiano Timpanaro nel 1970 (*ibidem* p. 102). E noi "scriviamo per rendere possibile al mondo non scritto di esprimersi attraverso di noi" (*ibidem*, p. 144).

Siamo perduti nella biblioteca, ma sappiamo di esserlo. Noi visconti dimezzati, in fin dei conti, siamo una poca cosa che però sa apprezzare l'infinita ricchezza del singolo istante al tempo *t* con zero e sa, se non altro, concepire quella fortezza ideale dentro la quale progettare tentativi di evasione. Ai margini di un universo entropico che non è fatto per noi ed è sordo ai nostri richiami, tra un esagono e l'altro cerchiamo zone provvisorie di ordine e coerenza nel caos tragico dell'esistenza. Lo facciamo tanto con la scienza quanto con la letteratura.

Noi siamo il congegno di cui il mondo dispone per sapere se c'è. Nello stesso periodo in cui nasceva il progetto cosmicomico di Italo Calvino – pensare l'universo attraverso il prisma della letteratura – un premio Nobel dimenticato, il biologo dei fotorecettori George Wald, al MIT di Boston nel 1968 si chiedeva: che cos'è, dopotutto, l'umanità? È il modo escogitato dalle stelle per conoscere sé stesse.

7

Frances finalmente viaggia dentro la grande biblioteca

> In un certo scaffale d'un certo esagono (ragionarono gli uomini) deve esistere un libro che sia la chiave e il compendio perfetto *di tutti gli altri*: un bibliotecario l'ha letto, ed è simile a un dio.
>
> JORGE LUIS BORGES, *La biblioteca di Babele*

Nella prima delle sue *Lezioni americane*, Calvino aveva scritto che "oggi ogni ramo della scienza sembra ci voglia dimostrare che il mondo si regge su entità sottilissime: come i messaggi del DNA, gli impulsi dei neuroni, i quarks, i neutrini vaganti nello spazio dall'inizio dei tempi..." (p. 9). E come le proteine. Leggere e sottili. Frances Arnold adesso sta immaginando la fortezza delle fortezze di tutti gli enzimi. La sua scommessa sin dall'inizio di questa storia è stata che l'evoluzione abbia esplorato soltanto un minimo sottoinsieme del possibile e che l'evoluzione proceda navigando nel possibile. Sempre lì, a un passo da qualcosa di nuovo e dirompente, finora mai visto da nessuno. Frances sta entrando nelle lacune del morfospazio per vedere cosa c'è.

Non le resta, dunque, che simulare un processo di selezione artificiale: non di cani, gatti o cavalli, ma di proteine questa volta, di molecole. I suoi amati catalizzatori. Parte dai libri della biblioteca di Maynard Smith che già la selezione naturale ha individuato. Li si individua facilmente, a differenza che nella biblioteca di Borges, perché svolgono funzioni essenziali. Poi si aggiungono mutazioni casuali e ogni volta si legge il libro, appena differente, che ne deriva. *Moby Dick* con un refuso e poi un altro e un altro ancora: chi direbbe mai che possa migliorare, un simile capolavoro?

E invece, Frances si ritrova per le mani di tutto, spazzatura e tesori. Se l'enzima mutato sembra funzionare un po' meglio dell'originale, lo tiene e aggiunge un'altra mutazione. Poi ne aggiunge un'altra e ripete il giro. Segue la pista. Nella maggior parte dei casi non si nota alcuna differenza: è la parte disperante del lavoro. Giornate intere a navigare in zone senza senso della biblioteca. Qualche volta si registra un peggioramento del libro-enzima e in tal caso lo si scarta, il che è comunque un'informazione: da quella parte non si passa. È come farsi strada nelle brume dell'ignoto.

Ed ecco l'esperimento

E quelle lacune nel morfospazio? Frances si è inoltrata nell'adiacente possibile: per certi aspetti, sta facendo esperimenti su come la vita potrebbe evolversi in futuro. Così facendo, ripete più velocemente ciò che l'evoluzione raggiunge in milioni di anni: accumula percorsi fatti da una serie di singole mutazioni casuali mantenute, ottenendo libri leggermente "migliori" rispetto alla funzione svolta da quella proteina. Mai ideali, mai perfetti (la biblioteca è troppo grande per ambire a trovare libri perfetti), solo un pochino meno peggio dei precedenti, e tanto basta. Anche la selezione naturale, del resto, si accontenta di poco. Fa di necessità virtù con il materiale a disposizione.

Il metodo richiede una pazienza di Sisifo. Non bisogna volere troppo e troppo presto. Decenni di lettura di sequenze, gran parte delle quali del tutto inservibili. Facile farsi prendere dalla depressione del bibliotecario di Borges, che è sempre lì in agguato. Eppure, a forza di incursioni e ritirate nella biblioteca delle proteine, Arnold comincia a scoprire che – anche se nella gran parte dei casi le mutazioni possibili non hanno grandi effetti – le proprietà delle proteine possono talvolta cambiare in modo abbastanza significativo anche solo con una singola mutazione. Diventano più stabili, cambiano funzione e colore, fanno cose nuove, catalizzano una reazione su un nuovo substrato, si adattano ad ambienti che prima non tolleravano.

Succede perché in realtà le proteine non sono soltanto sequenze bidimensionali – quindi a onor del vero non sono del tutto riducibili a libri – ma dipendono da interazioni sistemiche e strutturali complesse. La loro forma tridimensionale è cruciale e determina la funzione. Un singolo cambiamento, in un punto critico, può fare una grande differenza. Non è esattamente come *Moby Dick* con l'aggiunta di un refuso: è come un solido intricato, generato da una rete di relazioni, cambiando una delle quali la forma si modifica. Bisogna uscire dalla necessaria linearità del codice e pensare in tre dimensioni, come se fossimo nella Flatlandia di Abbott. Per questo le proteine hanno una discreta "evolvibilità", cioè una capacità di evolvere e adattarsi, imparando a fare cose nuove anche velocemente. Il che peraltro è il segreto del loro successo su questo pianeta. In particolare – scopre Arnold – le proteine che resistono di più agli aumenti di temperatura sono quelle più capaci di evolvere. Cominciano a emergere regolarità.

Dinanzi a Frances e al suo gruppo si apre un mondo di esperimenti di ingegneria combinatoria delle proteine. Crea "chimere proteiche", cioè combina anche parti di proteine diverse, come se fossero due o tre libri della biblioteca fusi insieme. Non aveva poi tutti i torti, Borges, a inserire le chimere nella sua zoologia fantastica. Le modifica, ne analizza migliaia di varianti sintetiche e alla fine ottiene enzimi chimerici che svolgono funzioni assenti nelle proteine genitrici e che addirittura non esistono in natura. Dunque non erano impossibili! Né il frutto di vana immaginazione. Se ne stavano da qualche parte nel regno del non nato, del non ancora pensato da nessuno. Non erano "chimerici".

Capisce che la diversificazione delle sequenze, dirigendo in questo modo l'evoluzione, porta a una corrispondente diversificazione delle funzioni. Quindi non è un'esplorazione fine a sé stessa, meramente descrittiva, non è solo tassonomia, ma un'analisi dello spazio delle sequenze e della sua relazione con lo spazio delle funzioni delle proteine. Navigando nella biblioteca delle proteine si comprende meglio il mondo. Non è solo un gioco di catalogazione. Forse è proprio come nella tavola periodica (periodica è anche la biblioteca di Borges) di Dmitrij Mendeleev: i vuoti, le crepe nella fortezza, le lacune del morfospazio, i buchi contengono non soltanto qualcosa di realmente esistente che non abbiamo ancora osservato (il gallio, lo scandio e il germanio), ma anche proteine e altre combinazioni che l'evoluzione non ha ancora realizzato.

Insomma, fa in laboratorio ciò che l'evoluzione per selezione naturale fa da miliardi di anni, e poi gioca anche a raggiungere quello che l'evoluzione non ha ancora fatto. Lei alleva molecole, come altri allevano pecore e polli. Le sue passeggiate adattative scoprono creature pienamente funzionali che la storia naturale non aveva mai realizzato. Aveva proprio ragione Borges: un disordine ripetuto diventa un ordine. Rispetto alle quattro ipotesi circa le lacune del morfospazio, i risultati di Frances hanno un impatto teorico evidente. Questo era l'esperimento che cercavano tutti i sognatori di morfospazi!

La sua dimostrazione è elegante e non si può ottenerla con gli animali, né attuali né estinti: se esplorando la biblioteca delle proteine si trovano enzimi non esistenti in natura che svolgono funzioni essenziali, allora significa che l'evoluzione non li aveva ancora assemblati (avrebbe potuto farlo, ma non l'ha fatto) e dunque che il possibile è molto più grande del reale. E se vale per le proteine – considerando l'uniformità di comportamento di tutti i morfospazi che abbiamo visto – non si capisce perché non dovrebbe valere lo stesso anche per i genomi, gli RNA, gli anticorpi, gli animali e le piante.

A zonzo nel paesaggio delle proteine

Frances intanto, dopo aver preso il dottorato in Ingegneria chimica a Berkeley, alla fine degli anni Ottanta aveva raggiunto il Caltech di Pasadena con suo marito, Jay Bailey. Sempre con quell'idea in testa: la biblioteca di Babele. Sapeva che era un lavoro lungo, sfiancante, che richiedeva pazienza e fiducia. I colleghi nei convegni internazionali la scoraggiarono in ogni modo. Allevare proteine? Suvvia, non si è mai visto. Detto poi da un'ingegnera, figuriamoci.

Si illudevano di poter predire gli effetti benefici delle mutazioni usando approcci basati solo su metodi computazionali. Qualcuno considerava la mutagenesi casuale addirittura una "pigrizia mentale", una scorciatoia impraticabile. Frances nei suoi racconti autobiografici elegantemente non dice mai chi erano, questi detrattori sapientoni, ma in questi casi forse, visto che nella scienza la reputazione è tutto, bisognerebbe ricordare i nomi e i cognomi di coloro che hanno commesso errori di presunzione, a futura memoria e per giustizia.

Gli altri insomma cercavano di costruire nuovi enzimi da zero, partendo necessariamente dalle scarse conoscenze sulla loro struttura e su come funzionasse. Ma non arrivavano a nulla. Per forza – pensava Frances – nessuno progetta un cavallo da corsa o un barboncino partendo da zero. Non può funzionare a causa della nostra ignoranza di fondo, che non può essere aggirata. Capiamo ancora pochissimo su come la specifica sequenza di una proteina codifica un certo "significato", ovvero come la sua sequenza determina ciò che la proteina fa. Ne deriva che il sogno di scrivere direttamente, dall'alto, il libro che vorremmo, cioè di progettare razionalmente una proteina, è un'illusione. Per quello sì, vale la disperazione del bibliotecario di Borges: non ci basta una vita.

Quelli con un approccio ingegneristico *top-down* forse non avevano letto Borges, e nemmeno Darwin. Frances insisteva: la chiave di volta è l'evoluzione, *bottom-up*. Oggi sappiamo leggere, scrivere e correggere le bozze del DNA, ma non riusciamo ancora a ricomporlo da zero. Non importa: l'evoluzione lo farà per noi. Per prima cosa, bisogna sintetizzare e analizzare grandi librerie di molecole. Solo l'evoluzione per selezione naturale di geni e proteine, anziché di interi organismi, permette di aggirare la nostra pressoché totale ignoranza su come una sequenza proteica determini i dettagli della sua funzione, dandoci la possibilità di produrre proteine che forse la natura non si è presa la briga di fare. La soluzione quindi era già nella natura, che suggerisce il metodo per viaggiare nei morfospazi. Bisogna copiarla. Solo facendole e vedendo cosa fanno si possono scoprire interessanti nuove proteine, camminando nella biblioteca di Maynard Smith, di Mendel e di tutti gli animali possibili.

Ecco dunque la prova che cercavamo, l'evoluzione si è "dimenticata" di fare qualcosa: il possibile è più grande del reale; lo spazio genetico è ancora in gran parte da esplorare. Ciò significa che finora l'evoluzione ha realizzato solo una piccola parte del possibile. Prevale dunque la quarta ipotesi, la contingenza della vita, anche se le altre tre (fitness, vincoli ed estinzioni) potrebbero avere un ruolo nel rendere più o meno accessibili, più o meno deserte, certe zone del morfospazio.

Per certi aspetti, Frances Arnold e il suo gruppo stanno indagando un mondo alieno ma qui, sulla Terra. E infatti, dopo le prime pubblicazioni negli anni Novanta, i suoi cammini casuali nella biblioteca delle proteine possibili incontrarono finalmente i risultati attesi: nuovi enzimi che fanno cose mai viste in natura ma utilissime e funzionali, per noi e per l'ambiente, come medicine, combustibili verdi, vernici e detersivi senza inquinanti, cosmetici. L'emozione di quegli anni, racconta Frances, era palpabile: siamo circondati da tutti i gloriosi prodotti dell'evoluzione naturale, che ancora in parte dobbiamo comprendere, ma la scoperta affascinante è che la biologia potrebbe fare molto di più. Si chiama *evoluzione direzionata degli enzimi*.

In pratica, Frances Arnold ha scoperto che le proteine possono fare molte cose che la natura non ha mai chiesto loro di fare, incluse alcune dalle quali gli esseri umani potrebbero trarre grande giovamento. Le proteine sanno fare cose non-naturali, benché siano pienamente naturali! Trascendono sé stesse. Nessuno voleva crederci. Pregni come siamo dell'idea che la Natura con la maiuscola sia compiuta e perfetta, se non c'era arrivata lei, allora voleva dire che era impossibile. Frances comprende che in realtà vale il ragionamento contrario: è proprio perché la natura non ha chiesto mai questi comportamenti che è stato possibile, e di successo, trovare mutazioni casuali che permettessero quei comportamenti nuovi.

Ricordate i picchi adattativi nel paesaggio della fitness? Trovare mutazioni che migliorino una proteina già esistente nella sua funzione attuale e naturale è molto difficile, perché lì ha già lavorato la selezione naturale per lungo tempo. Quella proteina se ne sta tranquilla sulla sua cima vantaggiosa e sarà difficile implementarla. Sarà probabile che ogni mutazione che la sposta dal suo trono sia negativa. Invece migliorare la funzionalità in un compito che la proteina non svolge naturalmente è più semplice: c'è più spazio di trasformazione, più sentieri possibili di affinamento delle sequenze. Bisogna solo trovare un percorso praticabile, senza troppi avvallamenti, per arrampicarsi su un nuovo picco.

La grande difficoltà iniziale sta nel percepire e decifrare i leggeri vantaggi indotti da una piccola mutazione su una proteina già esistente. Una volta individuata va amplificata per molte generazioni successive. Ma come riutilizzare un enzima per un nuovo compito? Come riconvertirlo? Una proteina spostata dal suo compito naturale, dal suo picco adattativo, all'inizio è riluttante e perde efficacia, cioè rischia di finire dentro una vallata di imminente estinzione. Come darle torto: non è entusiasta di fare un nuovo lavoro, dopo che l'evoluzione ci ha messo milioni di anni per farla arrampicare su quel picco. Inizialmente lavora male, quindi. Allora bisogna ripetere sequenze di mutazioni casuali e di screening del miglioramento della performance per il nuovo compito. Va addomesticata e domata, come un uro, come un cavallo selvaggio. Si accumulano nuove mutazioni benefiche e finalmente ci si arrampica a fatica su un nuovo picco adattativo. Ma poi da lì la vista è bellissima, perché non ci era mai arrivato nessuno prima.

Oltre a pazienza, ci vogliono intuito e fortuna, perché la passeggiata nel mondo delle proteine possibili è pur sempre cieca, alimentandosi essa di mutazioni casuali. Molti cambiamenti non portano da nessuna parte e bisogna capirlo presto, se non si vuole cadere nella disperazione del bibliotecario di Borges. Solo pochi passaggi avvicinano a una proteina più funzionale in un compito nuovo, e soprattutto non si può mai essere sicuri su dove ci porterà il prossimo passaggio. Si cammina come nella nebbia in montagna e non hai certezza di avvicinarti alla cima. L'evoluzione direzionata delle proteine è una ricerca fortemente serendipitosa: ti stai muovendo in una certa direzione e incontri un cambiamento inaspettato che ti porta altrove, magari verso la risposta a una domanda che nemmeno ti eri posto.

Partire dalla biologia e andare dove la biologia finora non è mai andata

Nonostante tutte queste incertezze, i cammini casuali di Arnold nella biblioteca delle proteine sono stati sin qui molto produttivi, il che rafforza ulteriormente la supposizione che il possibile, là fuori, sia molto più grande del reale sin qui materializzatosi nella storia naturale. Gli enzimi infatti si sono adattati rapidamente a sfide alle quali l'evoluzione non li aveva preparati. Sono docili in modo sorprendente! Inoltre, le mutazioni che li hanno portati a quei picchi, rilette a posteriori, erano inaspettate. Frances e i suoi collaboratori non capivano perché proprio quelle mutazioni e non altre avessero indotto l'enzima a fare quel nuovo mestiere, a ulteriore riprova del fatto che mai avrebbero potuto pianificare da zero quei cambiamenti. Erano giunti spontaneamente, una volta innescato il meccanismo di selezione artificiale.

Avevano avviato un processo per arrivare al risultato e il resto era venuto da solo. A posteriori, sarebbe stato necessario fare "ingegneria inversa" per comprendere in che modo avesse funzionato, cioè attraverso quale meccanismo: come quando si smonta un motore per capire, tramite l'analisi dei suoi componenti e ingranaggi, come funziona. L'ingegneria inversa sugli enzimi portava Frances a notare che le mutazioni favorevoli erano lontane da dove se le aspettavano. Non capivano come potessero aver avuto effetto e non potevano in alcun modo prevederle.

Quindi l'evoluzione direzionata ha avuto un altro merito ancora: ha mostrato a posteriori che il vecchio metodo ingegneristico, il design razionale di enzimi buoni, è ancora lontano dall'essere efficace. Siamo troppo ignoranti su come la sequenza codifica la funzione. Frances ha spiegato a tutti gli altri che non sapevano di non sapere. Poco male, adesso abbiamo un metodo per ottenere comunque enzimi, dal basso, pur senza conoscerne la struttura, i complessi ripiegamenti e i meccanismi di catalisi. Nella scienza può succedere che le soluzioni vengano prima e che poi si capisca, all'indietro, come funzionano!

Anche la velocità delle scoperte di Frances lasciò basiti. Gli enzimi si adattavano rapidamente a nuove sfide. Di solito, ci volevano poche mutazioni per acquisire una nuova capacità. Non serviva necessariamente un lungo percorso di piccoli passi, perché la natura ha le sue strade complesse: combina spesso mutazioni benefiche con mutazioni neutrali o persino negative; è sempre coinvolta una rete di mutazioni, con il risultato che un tratto utile può emergere in meno di 10 o 5 generazioni di selezione direzionata. Dunque il gradualismo lento e progressivo di Maynard Smith, di Dawkins e di Dennett è stato smentito nei fatti.

Ma come fanno gli enzimi a essere così pronti all'innovazione in così poco tempo? Non si tratta infatti soltanto di ottimizzare funzioni biologiche già note, ma di rendere possibili e di favorire nuove reazioni chimiche. Come ci si arriva selezionando singole mutazioni? Questa per Frances Arnold fu la sfida maggiore, perché all'inizio fu come brancolare nel buio sperando di incappare in un enzima totalmente nuovo. Poi venne un'altra scoperta: quando innovano e inventano nuove funzioni nell'evoluzione, gli enzimi non partono da zero ma sfruttano meccanismi catalitici già esistenti.

Nuove funzioni si attivano a partire da vecchie strutture. Come la natura reingegnerizza gli enzimi su nuove funzioni, così si può fare in laboratorio, emulandola, cioè facendo bricolage evolutivo, proprio come aveva suggerito François Jacob. Frances ha mostrato che molte proteine hanno capacità chimiche che vanno ben oltre le funzioni per le quali sono state selezionate nel corso dell'evoluzione. Possiedono cioè una ridondanza di attività promiscue potenziali. Come aveva predetto Stuart Kauffman, questo è il modo con cui si esplora l'adiacente possibile: una struttura svolge una funzione (essendo stata "selezionata per" quella funzione), ma poi ha una gamma di effetti non selezionati ma promettenti e ingaggiabili. In sostanza gli enzimi possiedono un potenziale latente, che l'evoluzione direzionata può fare emergere e sprigionare.

L'evoluzione, dunque, più che un ingegnere sembra un abile artigiano che fa bricolage con il materiale a disposizione, che non è infinito, pone alcuni vincoli, ma le cui combinazioni e ricombinazioni sono ancora in gran parte da esplorare. Oggi sappiamo che la natura ha riprogettato le stesse impalcature proteiche antiche, in alcune superfamiglie di proteine, rendendole capaci di assolvere a una serie di nuove funzioni. In un articolo pubblicato su *Nature* nel 2013, Aditya Barve e Andreas Wagner, dell'Istituto di biologia evoluzionistica e scienze ambientali dell'Università di Zurigo, hanno mostrato che le innovazioni evolutive possono avere origine in modo non direttamente adattativo, ma come sottoprodotti di altri tratti adattativi. Persino uno dei sistemi biologici più antichi, centrale per tutta la vita, come il metabolismo, ha seguito una certa strada, ma avrebbe potuto seguirne altre.

Con le loro simulazioni, Barve e Wagner hanno analizzato la capacità di una rete di reazioni metaboliche di sintetizzare tutta la biomassa da un'unica fonte di carbonio ed energia. Hanno campionato in modo casuale molte reti metaboliche che possono sostenere la vita a partire da una determinata fonte di carbonio (un'altra biblioteca!), ma contengono un insieme altrimenti casuale di reazioni biochimiche note. Ebbene, quando queste reti funzionano su una particolare fonte di carbonio, in genere funzionano anche su molte altre fonti di carbonio che non erano obiettivi di selezione (circa 50). Qualsiasi adattamento in questi sistemi metabolici comporta tipicamente molteplici e potenziali cooptazioni funzionali. I sistemi metabolici contengono, insomma, un potenziale latente per innovazioni evolutive con origini non adattative, cooptate da strutture già esistenti.

Queste attività promiscue di adattamenti e riadattamenti (molto frequenti anche a livello genetico) conferiscono maggiore flessibilità agli organismi: una nuova sorgente energetica si rende disponibile, ecco che diventa la pressione selettiva per l'evoluzione di un nuovo enzima utile per l'organismo. Le attività promiscue quindi possono essere sfruttate anche per le applicazioni umane: una nuova attività catalitica è già presente (a basso livello, sotto traccia; oppure è un relitto derivante dalle sue origini ancestrali, ora dismesso, come un tratto vestigiale) e Frances con il suo metodo la rivitalizza, la ottimizza, creando un nuovo enzima. L'evoluzione direzionata può quindi innovare anche quando l'innovazione è già presente, nutrendosi della diversità già esistente.

Così si spiegano i risultati più eclatanti dell'evoluzione direzionata, grazie alla quale andiamo dove la biologia finora non è mai andata, partendo dalla biologia stessa. Muovendo dalla natura e dalle sue potenzialità inespresse, sviluppiamo attività nuove alla natura stessa: per esempio, macchinari biocatalitici che creano legami sconosciuti in biologia, come il carbonio unito al boro, di cui c'è abbondanza in ambiente. Frances ha realizzato (e offerto gratuitamente all'umanità) enzimi che creano legami carbonio-silicio per prodotti organo-siliconici, che usano il ferro al posto di metalli preziosi ed evolvono da soli diventando sempre più efficienti nel farlo. Li si mette dentro i batteri e questi li esprimono facilmente, come fattorie, svolgendo la funzione di generare quei nuovi legami, con la minima produzione di scarti. Una miniera di applicazioni si spalanca per i prossimi decenni.

La motivazione etica del lavoro di questi biotecnologi è chiara. Rinunciano a qualsiasi grossolana dicotomia tra "naturale" e "artificiale", poiché gli esseri umani progettano i sistemi biologici per i propri scopi da migliaia di anni, facendo di tutto: dal mais (che è un mostro rispetto al suo antenato, il teosinte americano) ai gatti senza pelo. *Homo sapiens* ha avuto un impatto enorme, ambivalente e per molti aspetti devastante sul mondo biologico e adesso quello stesso mondo biologico si sta evolvendo in risposta ai nostri interventi.

Ora, tuttavia, i nostri strumenti sono più precisi e possiamo trasformare la vita a livello molecolare. Per esempio, grazie all'enzima che crea legami carbonio-silicio, molti prodotti che contengono quel legame – dalle vernici agli articoli per la cura della persona – possono essere realizzati da chiunque senza il ricorso a metalli preziosi come il platino. Quindi non vi è alcuna contraddizione di principio tra le biotecnologie, così pensate, e la militanza in difesa dell'ambiente.

La visione di Frances Arnold è che possiamo usare i sottili meccanismi che la vita ha inventato – in un lungo lavoro di quasi quattro miliardi di anni di evoluzione – e reindirizzarli per fare biochimica per noi, usando risorse rinnovabili e generando pochi rifiuti. Incidentalmente, va aggiunto che la ricercatrice del Caltech ha deciso di non brevettare la tecnologia di base che ha realizzato con il suo ingegno perché – ha dichiarato – l'evoluzione non può appartenere a nessuna persona o entità: e certamente non l'ha inventata una scienziata!

Non aprite quei libri

Nelle biblioteche della natura, come in quella di Borges, il libro totale, il libro che è "la chiave e il compendio perfetto di tutti gli altri" (p. 686) risulta introvabile. La natura è molto più grande della nostra immaginazione, ma alla fine Frances, nella biblioteca di Babele, ha trovato le sue strade e non si è persa. Certo, avrebbe potuto. Molti altri e molte altre non ce l'avrebbero fatta. La scienza di Frances Arnold è impregnata di creatività, di coraggio, di perseveranza e generosità. La vita, però, non l'ha ripagata con la stessa moneta. Nella Babele dell'esistenza, lei ha aperto più volte il libro sbagliato.

Poco dopo la nascita del primo figlio, Frances divorziò da Jay, trasferitosi al Politecnico di Zurigo. I dirigenti del Caltech la aiutarono economicamente e ottenne alla fine una posizione stabile, ma era comunque rimasta da sola con un bimbo piccolo. Nel 1992 incontrò il giovane cosmologo emergente Andrew Lange e fu amore a prima vista. Nel 1995 nacque William e nel 1997 Joseph. Andrew era spesso in Antartide, impegnato in importanti esperimenti che lo portarono alla soglia della candidatura al premio Nobel. Frances racconta che in quel periodo viaggiava poco, curava i figli, era spesso esausta. Ma il suo progetto nonostante tutto andava avanti e altri cominciavano a adottare il suo metodo. Stava nascendo una piccola comunità scientifica e Frances iniziò a collaborare con aziende che, con un certo senso del rischio imprenditoriale, la aiutarono finanziariamente per mettere in pratica l'evoluzione direzionata di enzimi. Verranno premiate: pochi anni dopo già potevano usare enzimi con funzioni attive anche ad alte temperature, in substrati non naturali, per insperate applicazioni.

Insieme all'ardimentoso Pim Stemmer, conosciuto al seminario di Kauffman al Santa Fe Institute nel 1995, Arnold approfondì la metafora del "sesso tra proteine", cioè la ricombinazione come strategia per fare evolvere le proteine e coltivarle in vitro, e progettò la sua prima start-up, Maxygen, nel 1997. Ma Pim vedeva troppo in grande, progettava di fare evolvere di tutto: virus, batteri, farmaci, tratti di piante. Frances invece voleva concentrarsi sugli enzimi e ottenere risultati rapidi. Nel 2000 arrivò il primo vero riconoscimento: venne ammessa alla prestigiosa National Academy of Engineering. Suo padre, fisico nucleare in pensione, presente alla cerimonia, non si trattenne. A un certo punto, intriso di orgoglio, si alzò e urlò: "Ehi, quella è mia figlia!".

Bailey, il primo marito, morì di cancro al colon nel 2001, a cinquantotto anni. Andrew, il secondo, cominciò a soffrire di depressione. Frances gli propose di prendersi insieme un anno sabbatico e di andarsene via con i ragazzi: un meraviglioso viaggio tutti insieme in Australia, Sudafrica, Galles. Fecero ricerca, fecero famiglia. Incontrarono gli aborigeni. Un anno di pura felicità per tutti e intanto il suo gruppo al Caltech lavorava proficuamente: erano autonomi, liberi, creativi, ben formati da una vera leader.

Al ritorno dal viaggio, alla fine del 2004, le venne diagnosticato un cancro al seno, già diffuso ai linfonodi. Ne seguì un anno e mezzo di chemioterapia e radioterapia, ma non smise mai di lavorare. Il gruppo di ricerca si concentrò sulle energie alternative: era tornata alla sua vecchia passione sudamericana. Provarono a ingegnerizzare il citocromo P450 per creare organismi ricombinanti in grado di sintetizzare biocombustibili. Nacque Gevo, una start-up per combustibili verdi per i jet, ottenuti partendo da biomasse e usando un lievito ingegnerizzato.

Il 22 gennaio 2010 Andrew si tolse la vita. Negli ultimi due anni, non avevano vissuto insieme. I figli allora avevano diciassette, tredici e undici anni. Lo sconvolgimento fu totale. Un grande aiuto le arrivò dagli amici e dal gruppo al Caltech. A nessuno è garantita una vita facile – dice Frances – ma possiamo renderla più facile per gli altri. Riacquistò lentamente la buona salute. Si prese altri rischi scientifici. Viaggiò di nuovo con i figli. Tornò nella sua casetta sulle San Gabriel Mountains, fuori Los Angeles. Iniziò a fare conferenze per il grande pubblico, raccontando la meraviglia e il potere dell'evoluzione, la scienza per un futuro migliore, le domande sempre nuove.

Si pose in effetti un nuovo problema di ricerca: trovare un enzima capace di catalizzare reazioni usando azoto anziché ossigeno. Ci riuscirono al

Caltech nel 2012. La natura è davvero piena di nuove capacità inesplorate! L'atmosfera era sempre più elettrizzante in laboratorio, si percepiva un senso vibrante di scoperta, la consapevolezza di gettare fondamenta inedite su come le molecole saranno fatte in futuro, usando sistemi biologici geneticamente codificati, in particolare enzimi ingegnerizzati per fare una chimica inventata dagli esseri umani per la prima volta, e non dall'evoluzione.

Arrivarono i primi premi: il Charles Stark Draper Prize nel 2011, dato dalla National Academy of Engineering in quella occasione per la prima (e ancora unica) volta a una donna. Il presidente Barack Obama la accolse alla Casa Bianca nel 2013 per conferirle la National Medal of Technology and Innovation. Lo stesso anno moriva di cancro l'amico e collega Pim Stemmer, il mago del mescolamento del DNA, che fino ad allora aveva collezionato ben 97 brevetti innovativi.

Il figlio James intanto stava facendo il servizio militare in Afghanistan. Le ansie, insomma, non mancavano mai. Nel 2016 le venne assegnato il Millennium Technology Prize, di nuovo per la prima volta a una donna. Lei nelle interviste si schermisce e di sé dice di essere stata soltanto la prima donna a cui è stata data la possibilità reale di dimostrare cosa sapesse fare in campo ingegneristico. Molte altre arriveranno – assicura – e tanti riconoscimenti stanno per essere assegnati alle donne nel suo campo. Resta il fatto che Frances Arnold fu soltanto la nona scienziata a essere stata assunta al Caltech di Pasadena.

Ma dietro la curva c'era un altro baratro. Nel 2016 muore in un incidente il figlio mezzano, William, a vent'anni. E qui davvero si fa fatica anche solo a immaginare che cosa possa aver significato aprire quel libro orrendo e buio nella biblioteca di Babele. Un dolore inconcepibile, per il quale esiste solo il silenzio. La vita sa essere tragicamente ironica, certe volte. Solo due anni dopo, nel 2018, alla giovane studentessa che quarantadue anni prima leggeva Borges a Madrid arriva una telefonata da Stoccolma: ha vinto il premio Nobel per la chimica. Altri record infranti: è la prima donna in assoluto a ricevere il Nobel al Caltech e la quinta scienziata Nobel per la chimica (la prima statunitense). La motivazione è alquanto sintetica: diamo questo premio a Frances Hamilton Arnold "per l'evoluzione direzionata di enzimi". Non serve aggiungere altro.

La tortuosa strada che da Madrid porta a Stoccolma

Suo padre non fece in tempo ad andare alla cerimonia e a urlare un'altra volta: "Ehi, quella è mia figlia!". Se n'era andato tre anni prima. A Stoccolma vennero a festeggiarla i due figli, con le loro famiglie, e sessanta amici, quelli che le avevano permesso di sopravvivere alle pagine più brutte della biblioteca della vita. Alla domanda su come abbia fatto a resistere, risponde che il lavoro scientifico con il suo gruppo le ha sempre dato grande gioia e che preferisce essere grata per ciò che ha, piuttosto che disperare per ciò che non ha. Un premio, ancorché il più ambito, non risarcisce nulla, ma è difficile trovare nella storia della scienza un Nobel più meritato del suo.

Se la biblioteca di Borges è una metafora sull'esistenza di tutti gli universi paralleli possibili, ciascuno interamente descritto in un libro, allora le nostre esistenze contingenti e finite sono brevi esplorazioni da librai imperfetti. Frances è incappata spesso nell'esagono sfortunato, ma non ha smesso di navigare, nella convinzione che la natura sia il più grande chimico mai esistito, il più abile ingegnere, e che noi grazie alla curiosità e alla tenacia possiamo arrivare dove la natura ancora non è arrivata, seguendo i suoi insegnamenti. Sempre con quell'ossessione in testa, balenata a Madrid nel 1976, che le proteine rilevanti per la biologia siano una parte infinitesima di tutte le proteine possibili e che dentro quell'universo ci siano enzimi che ci permetteranno di curare le malattie e alleviare l'invecchiamento, di trovare soluzioni per la crisi ambientale, di avere cibo e acqua pulita, biocombustibili, alternative non tossiche ai pesticidi. Proteine potenziali messe al servizio dell'umanità.

Lei dice di aver avuto una sola buona idea nella vita, più di quarant'anni fa, e di non aver mai smesso di lavorare su quella. La scoperta scientifica si alimenta di serendipità e, almeno nel suo momento aurorale, si lascia ispirare anche dalla letteratura. Tutto era cominciato leggendo *La biblioteca di Babele* di Jorge Luis Borges. Poi venne un evoluzionista geniale e ironico, John Maynard Smith. Le (diverse) filosofie della scienza di Dennett e di Kauffman l'aiutarono ad apprezzare quanto fosse importante capire l'evoluzione quando si fa ingegneria sui sistemi biologici. Nel discorso di ringraziamento per il premio Nobel dirà che furono loro a darle il suggerimento giusto.

L'evoluzione è una grande rete di connessioni che genera diversità. I suoi espedienti, adattamenti, rimaneggiamenti e innovazioni sono universali: valgono per i dinosauri come per gli enzimi microbici. Questi ultimi una volta facevano per noi solo la birra e il pane, adesso grazie a Frances Arnold sono usati per la diagnosi e il trattamento di molte malattie, per ridurre gli scarti, per migliorare i materiali, per sintetizzare nuovi farmaci, per rendere più pulite le produzioni industriali. E nessuno sa quali altre applicazioni serendipitose si nascondano negli attorcigliamenti dei prossimi enzimi che sapremo far evolvere.

Frances ci insegna, dopotutto, che la nostra specie è davvero un bibliotecario imperfetto. Ci sono stati, nell'evoluzione, molti modi di essere umani, altre specie umane, oggi estinte. Una libreria di specie umane diverse dalla nostra. Sappiamo che *Homo sapiens* non occupa alcuna posizione privilegiata nella grande biblioteca: sta in uno scaffale come tutti gli altri, in un esagono qualsiasi. Eppure, grazie alla tenacia e al nostro ingegno possiamo concederci la gioia di viaggiare, solo per un po', dentro la biblioteca. Esplorandola quel tanto che basta per capire, non senza un certo sollievo, che ci sopravvivrà. Inutile, incorruttibile, segreta.

Bibliografia ragionata[*]

Capitolo primo

Le citazioni del racconto *La biblioteca di Babele* (ed. orig. 1941) sono tratte dal Meridiano Mondadori dedicato alle opere di Jorge Luis Borges: J.L. Borges, *Tutte le opere*, a cura di D. Porzio, Mondadori, Milano 1984, in due volumi. Il racconto è nel primo volume alle pp. 680-689. Le citazioni che aprono i capitoli 1, 2, 3, e 7 sono rispettivamente tratte dalle pp. 688, 682, 684 e 686.

Una dettagliata biografia di Frances Arnold è consultabile sul sito della Nobel Foundation, qui: https://www.nobelprize.org/prizes/chemistry/2018/arnold/biographical.

Il libro sulla matematica della biblioteca di Borges: W.G. Bloch, *The Unimaginable Mathema-*

* I numeri di pagina delle citazioni tratte dai volumi consultati dall'autore sono riportati di volta in volta nel testo. Non sono invece presenti quando è possibile reperire i libri citati in edizione ebook o online.

tics of Borges' Library of Babel, Oxford University Press, Oxford 2008.

La citazione del *Dialogo sopra i due massimi sistemi del mondo* di Galileo Galilei è tratta dall'edizione Einaudi, Torino 1970, a cura di L. Sosio (ed. orig. 1632). Così pure quella nel capitolo sesto.

Il breve commento di Willard Van Orman Quine sulla biblioteca di Babele, "Universal library", è consultabile qui: https://urbigenous.net/library/universal_library.html. In italiano compare nella raccolta: W.V.O. Quine, *Quidditates. Quasi un dizionario filosofico. Rigore e leggerezza per un viaggio ironico negli argomenti più seri*, Garzanti, Milano 1991 (ed. orig, 1987).

Il viaggio del 1884 di Edwin A. Abbott tra le dimensioni è: E.A. Abbott, *Flatlandia. Racconto fantastico a più dimensioni*, Adelphi, Milano 1993.

Il saggio anticipatore di Borges del 1939, *La biblioteca total*, è consultabile qui in lingua inglese: https://gwern.net/doc/borges/1939-borges-thetotallibrary.pdf.

La corrispondenza tra parole e cose in Lucrezio è ben spiegata da Ivano Dionigi in: I. Dionigi, *L'apocalisse di Lucrezio*, Raffaello Cortina, Milano 2023. Di Lucrezio: Tito Lucrezio Caro, *De rerum natura*, a cura di A. Schiesaro, Einaudi, Torino 2003.

Le citazioni di Jorge Luis Borges, *Il libro degli esseri immaginari* (con la collaborazione di M. Guerrero), sono tratte dall'edizione Adelphi, Milano 2006, a cura di T. Scarano (ed. orig. 1969). Se ne parla anche nel capitolo quarto.

Sul sistema periodico come solenne poesia in rima: P. Levi, *Il sistema periodico*, Einaudi, Torino 1975.

Il racconto di Kurd Lasswitz sulla biblioteca universale si trova in: *Fantasia Mathematica*, a cura di C. Fadiman, Simon & Schuster, New York 1958.

Il libro di sabbia di Borges (ed. orig. 1975) si trova a p. 648 del secondo volume dei Meridiani.

Capitolo secondo

Il breve e aureo articolo di John Maynard Smith è: J. M. Smith, "Natural selection and the concept of a protein space", in *Nature*, 225, 7 febbraio 1970, pp. 563-564. Un interessante saggio di prospettiva, a cinquant'anni dalla sua pubblicazione, è: C.B. Ogbunugafor, "A reflection on 50 years of John Maynard Smith's 'protein space'", in *Genetics*, 214, 2020, pp. 749-754.

Frances Arnold ha illustrato il suo debito verso John Maynard Smith (e verso Daniel Dennett, Stuart Kauffman e altri) nell'appassionata Nobel lecture pronunciata l'8 dicembre 2018 e pubblicata anche in: F.H. Arnold, "Innovation by evolution: Bringing new chemistry to life (Nobel lecture)", in *Angewandte Chemie International Edition*, 58, 2019, pp. 14420-14426. https://doi.org/10.1002/anie.201907729.

Oltre che in questo articolo: F.H. Arnold, "The library of Maynard-Smith: My search for meaning in the protein universe", in *Microbe*, 6, 7, 2011, pp. 316-318.

Capitolo terzo

L'articolo pionieristico di Ellington e Szostak sull'evoluzione *in vitro* di molecole di RNA è: A.D. Ellington, J.W. Szostak, "*In vitro* selection of RNA molecules that bind specific ligands", in *Nature*, 346, 1990, pp. 818-822.

Il primo articolo di Alan Perelson e George Oster sul repertorio degli anticorpi è: A.S. Perelson, G.F. Oster, "Theoretical studies of clonal selection: Minimal antibody repertoire size and reliability of self-non-self discrimination", in *Journal of Theoretical Biology*, 81, 4, 1979, pp. 645-670.

L'articolo del gruppo di Ron Milo sulla massa delle cellule immunitarie umane: R. Sender, Y. Weiss, Y. Navon et al., "The total mass, number, and distribution of immune cells in the human body", in *PNAS*, 120, 44, 2023, e2308511120.

Daniel Dennett introduce nel 1995 la biblioteca di Mendel in: D.C. Dennett, *L'idea pericolosa di Darwin*, Bollati Boringhieri, Torino 1997. Citato anche nel capitolo quinto a proposito dello "spazio dei progetti".

Il Paese dei Biomorfi è raccontato da Richard Dawkins in: R. Dawkins, *L'orologiaio cieco*, Mondadori, Milano 2003 (ed. orig. 1986). Citato anche nel capitolo quarto.

Stuart Kauffman descrive il possibile adiacente in due interessanti libri, rispettivamente usciti nel 1995 e nel 2000: S. Kauffman, *A casa nell'universo*, Editori Riuniti, Roma 2001; *Esplorazioni evolutive*, Einaudi, Torino 2005.

François Jacob spiega il bricolage evolutivo in: F. Jacob, *Evoluzione e bricolage. Gli "espedienti" della selezione naturale*, Einaudi, Torino 1978 (ed. orig. 1977). Sull'evoluzione come ricombinazione dei medesimi elementi genetici (citato anche nel capitolo quinto sulla scatola degli attrezzi dei geni dello sviluppo), si vedano anche di Jacob: F. Jacob, *Il gioco dei possibili*, Mondadori, Milano 1983 (ed. orig. 1981); *Il topo, la mosca e l'uomo*, Bollati Boringhieri, Torino 1998 (ed. orig. 1997).

Sui geni dalla spazzatura: A. Levy, "Genes from the junkyard", in *Nature*, 574, 2019, pp. 314-316.

L'idea della biblioteca di Turing è presentata da Thore Husfeldt qui: https://thorehusfeldt.com/2015/04/10/the-monster-in-the-library-of-turing/.

Capitolo quarto

L'articolo fondamentale sul morfospazio totale degli animali, coordinato da Philip C.J. Donoghue è questo: B. Deline, J.M. Greenwood, J.W. Clark et al., "Evolution of metazoan morphological disparity", in PNAS, 115, 38, 2018, pp. E8909-E8918.

Abbiamo già citato l'edizione italiana del *Libro degli esseri immaginari* di Borges, da cui peraltro sono attinte le citazioni in esergo di questo capitolo ("Il 'borametz'", p. 51) e del quinto ("L'anfisbena", p. 20).

Il bestiario surreale del fotografo Joan Fontcuberta è pure disponibile in edizione italiana: J. Fontcuberta, P. Formiguera, *Fauna*, Mimesis, Milano-Udine 2023 (ed. orig. 1987).

La *Monstrorum historia* di Ulisse Aldrovandi è disponibile in pregevole edizione illustrata per i tipi di Moscabianca, Roma 2022, a cura di L. Peka.

Sulle stranezze degli animali reali si veda: C. Henderson, *Il libro degli esseri a malapena immaginabili*, Adelphi, Milano 2018 (ed. orig. 2012). Sulle specie animali come modi alternativi di percepire il mondo: E. Yong, *Un mondo immenso*, La Nave di Teseo, Milano 2023 (ed. orig. 2022).

Sull'intelligenza alternativa dei polpi: P. Godfrey-Smith, *Altre menti*, Adelphi, Milano 2018 (ed. orig. 2016).

Sull'esplosione delle forme animali del primo Cambriano scoperte a Burgess Shale vale sempre la pena tornare al capolavoro di Stephen J. Gould: S.J. Gould, *La vita meravigliosa*, Feltrinelli, Milano 1990 (ed. orig. 1989).

Il lavoro coordinato da Sandra Díaz sul morfospazio delle piante è: S. Díaz, J. Kattge, J.H.C. Cornelissen et al., "The global spectrum of plant form and function", in *Nature*, 529, 2016, pp. 167-171.

Il biotecnologo Craig Venter espone la sua visione meccanicistica e ingegneristica degli esseri viventi in: C. Venter, *Il disegno della vita*, Rizzoli, Milano 2014 (ed. orig. 2013).

Capitolo quinto

David Raup costruì lo spazio di tutte le conchiglie possibili in due articoli degli anni Sessanta del secolo scorso: D.M. Raup, "Geometric analysis of shell coiling: General problems", in *Journal of Paleontology*, 40, 1966, pp. 1178-1190; "Geometric analysis of shell coiling: Coiling in ammonoids", in *Journal of Paleontology*, 41, 1967, pp. 43-65.

Il primo a concepire gli organismi come oggetti matematici e la morfologia come scienza geometrica fu il biologo scozzese D'Arcy Wentworth Thompson, nel celebre libro del 1917 (e poi 1942): D.W. Thompson, *Crescita e forma*, Bollati Boringhieri, Torino 1969.

Un'attenta panoramica su limiti e potenzialità di morfospazi e paesaggi adattativi si trova in: G.R. McGhee, *The Geometry of Evolution*, Cambridge University Press, Cambridge 1999. Un articolo di aggiornamento: P. Mitteroecker, S.M. Huttegger, "The concept of morphospaces in evolutionary and developmental biology: Mathematics and metaphors", in *Biological Theory*, 4, 1, 2009, pp. 54-67.

Richard Dawkins commenta e analizza lo spazio di tutte le conchiglie possibili, aggiungendovi il suo fabbricatore cieco di conchiglie, in: R. Dawkins, *Alla conquista del monte improbabile*, Mondadori, Milano 1997 (ed. orig. 1996).

Il libro di Hans Meinhardt sulla bellezza algoritmica delle conchiglie marine: H. Meinhardt, *The Algorithmic Beauty of Sea Shells*, Springer-Verlag, Berlin 1995.

Sul ruolo dei vincoli strutturali e fisici nell'evoluzione: S.J. Gould, *Gli alberi non crescono fino in cielo*, Mondadori, Milano 1997 (ed. orig. 1996). Sul rapporto tra vincoli e selezione, e sulla cooptazione funzionale come strategia evolutiva, sempre di Gould: S.J. Gould, *Il pollice del panda*, Editori Riuniti, Roma 1983 (ed. orig. 1980); *Quando i cavalli avevano le dita*, Feltrinelli, Milano 1984 (ed. orig. 1983); *Otto piccoli porcellini*, Bompiani, Milano 1994 (ed. orig. 1993).

Il verso dell'*Amleto* è tratto dall'edizione: W. Shakespeare, *Amleto*, Mondadori, Milano 1988 (ed. orig. 1623).

Sull'origine dell'ordine per auto-organizzazione: S. Kauffman, *The Origins of Order: Self-Organization and Selection in Evolution*, Oxford University Press, Oxford 1993.

Andrea Moro indaga il mistero delle lingue impossibili in: A. Moro, *I confini di Babele*, il Mulino, Bologna 2015.

Sulla tendenza evolutiva verso la crescita di diversità e complessità: D.W. McShea, R.N. Brandon, *Biology's First Law*, The University of Chicago Press, Chicago 2010.

Capitolo sesto

L'esergo è una citazione da: J.L. Borges, "Del rigore nella scienza", in *L'artefice* (ed orig. 1960), contenuto nel già citato Meridiano Mondadori, *Tutte le opere*, p. 1253.
"Il conte di Montecristo" è l'ultimo racconto della raccolta di Italo Calvino in: I. Calvino, *Ti con zero*, Einaudi, Torino 1967, pp. 151-164.

Le citazioni dalle *Lezioni americane* di Calvino sono tratte da: I. Calvino, *Lezioni americane. Sei proposte per il prossimo millennio*, Garzanti, Milano 1988.

Saggi molto rilevanti per questo capitolo, tra i quali "Cibernetica e fantasmi (Appunti sulla narrativa come processo combinatorio)", si trovano in: I. Calvino, *Una pietra sopra*, Einaudi, Torino 1980.

Su Italo Calvino e la scienza: M. Bucciantini, *Pensare l'universo*, Donzelli Editore, Roma 2023. Le citazioni dalle lettere di Calvino e dallo splendido dialogo del 1980 con Daniele Del Giudice sono tratte da questo testo.

Sulla poetica di Italo Calvino: M. Barenghi, *Italo Calvino, le linee e i margini*, il Mulino, Bologna 2007.

Si vedano anche: I. Calvino, *Mondo scritto e mondo non scritto*, a cura di M. Barenghi, Mondadori, Milano 2015. In particolare, tra le sue opere, per quanto di pertinenza qui: *Il castello dei destini incrociati*, Einaudi, Torino 1971; *Le città invisibili*, nel secondo volume del Meridiano *Romanzi e racconti*, a cura di M. Barenghi e B. Falcetto, Mondadori, Milano 1992; *Se una notte d'inverno un viaggiatore*, Einaudi, Torino 1979; *Palomar*, Einaudi, Torino 1983; e i due volumi dei Meridiani Mondadori dedicati ai suoi *Saggi 1945-1985*, a cura di M. Barenghi, Mondadori, Milano 2015.

Il libro citato di Paul Feyerabend è postumo: P. Feyerabend, *Conquista dell'abbondanza. Storie dello scontro fra astrazione e ricchezza dell'Essere*, a cura di B. Terpstra, Raffaello Cortina, Milano 2002 (ed. orig. 1999).

Scritti e conferenze di George Wald sono raccolti in: G. Wald, *Gas, molecole, vita*, Add Editore, Torino 2019 (ed. orig. 2017).

Capitolo settimo

Le numerose pubblicazioni scientifiche di Frances Arnold e del suo gruppo di ricerca sono tutte reperibili nel sito web dell'Arnold Group del Caltech: http://fhalab.caltech.edu/

Un interessante commento sulla scoperta di enzimi chimerici e sulla metafora della biblioteca di Borges: M. Ostermeier, “Beyond cataloging the library of Babel”, in *Chemistry & Biology*, 14, 2007, pp. 237-238.

L’articolo di Aditya Barve e Andreas Wagner sull’evoluzione dei sistemi metabolici attraverso cooptazione funzionale: A. Barve, A. Wagner, “A latent capacity for evolutionary innovation through exaptation in metabolic systems”, in *Nature*, 500, 2013, pp. 203-206.

Per tutto il resto, vale il principio che Italo Calvino mette in bocca a Silas Flannery nel capitolo ottavo (p. 185) di *Se una notte d’inverno un viaggiatore*: “Dai lettori m’aspetto che leggano nei miei libri qualcosa che io non sapevo, ma posso aspettarmelo solo da quelli che s’aspettano di leggere qualcosa che non sapevano loro”.

Temi

Ultimi volumi pubblica

M. Lancini
Sii te stesso a modo mio.
Essere adolescenti nell'epoca della fragilità adulta

A. Siracusano
Perché mentiamo.
Cosa nascondono le bugie

E. Morin
Ancora un momento.
Testi personali, politici, sociologici, filosofici e letterari

G. Ziccardi
Dati avvelenati.
Truffe, virus informatici e falso online

V. Gallese, U. Morelli
Cosa significa essere umani?
Corpo, cervello e relazione per vivere nel presente

P. Odifreddi
C'è del marcio in Occidente

M. Niola
L'Italia dei miracoli.
Storie di santi, magia e misteri

M. Ammaniti
I paradossi degli adolescenti

C. Galli
La destra al potere.
Rischi per la democrazia?